KB043335

초대 러시아 공사 배버의 조선

저자 소개

● 지은이

실비아 브래젤은 독일 라이프치히 대학교에서 박사 학위를 취득하고, 2018년 정년 퇴임할 때까지 에어푸르트 대학교에서 강의했다. 약 30년간 비교문학과 문화연구 분야에서 한국을 중점적으로 연구했다. 중국 베이징 외국어 대학교에서 독일 학술교류처(DAAD) 파견 강사로 근무했으며, 연세대학교 신촌캠퍼스에서 4년간 DAAD 파견 교수로 재직했다. 독일로 귀국한 이후에도 주한 독일대사관과 독일문화원 초청으로 정기적으로 내한 강연을 하고 있으며, 지난 몇 년간 충남 보령 고대도의 귀츨라프 심포지움에 연사로 초대되어 강연했다.

2005년에는 독일에서 지그프리트 겐테의 한국여행기 사진 자료집을 편찬했으며, 같은 해 뮌헨에서 『한국문학 단편선』(이광숙 공역)을 발간했다. 지난 20년간 독일에서 열린 한국 작품 낭독회에서 고은, 김광규, 김영하, 이호철, 한강, 황동규 등 한국 작가의 작품을 소개하는 등 한국 문학을 독일에 소개하는 작업을 지속해 왔다.

1996년 김미혜 교수와 함께 대산문학상 번역부문을 공동 수상했다. 문화 중재자로서의 공로를 인정받아 2009년 베를린에서 한독협회가 주관하는 이미륵상을 수상했다.

● 옮긴이

김진혜는 연세대학교와 독일 지겐대학교에서 독문학을 전공하고 연세대학교 독문과 박사과정을 수료했다. 경기대학교, 연세대학교, 한신대학교에 출강했고, 주한 독일문화원의 문화 프로젝트 통번역을 담당했다. 번역서로 『파저란트』, 『JAK』가 있다.

초대 러시아 공사

배버의 조선

"Dein Bild in meinem Auge"
Das Korea-Fotoalbum des Diplomaten Carl von Waeber(1841-1910)

실비아 브래젤 지음
김진혜 옮김

푸른길

일러두기

1. 카를 폰 배버는 한국 역사에서 칼 이바노비치 베베르라는 이름으로 알려진 인물이다. 발트독일인 후손인 배버는 러시아 제국의 외교관이 되었고, 초대 러시아 공사로 조선에 부임했다. 이 책에서는 그의 본명을 독일어 원음에 따라 배버로 표기한다. 제1장에 등장하는 베버(Weber)는 배버(Waeber)와 다른 성씨이고, 전혀 다른 인물임을 밝혀 둔다.
2. 이 책은 주로 러시아 측 역사서술에 근거하여 러시아 외교관 배버의 관점에서 구한말을 기록한다. 따라서 국내의 한국사 교과서 및 국내 연구서의 구한말 조선사 기술과 차이가 있음을 미리 밝혀 둔다.
3. 이 책에 수록된 사진 자료와 사진 설명에 대한 모든 책임은 저자에게 있다.

고인이 된 에바 니트펠트-폰 배버(1937. 8. 15.-2021. 5. 17.) 여사께
경의를 표하며 이 책을 헌정한다.

사진과 해설로 다시 보는 한 세기 전의 한국

팬데믹에 관한 뉴스의 홍수 와중에 실비아 브래젤 박사로부터 외교관이자 지리학자였던 카를 폰 배버1841-1910의 생애와 업적을 담은 사진책에 서문을 써 달라는 요청이 왔다. 개인에게나 전 세계에 걸쳐 편치 않은 시기에 학술적인 프로젝트에 매진하는 것을 역사와 현실을 성찰하는 가능성으로 나는 좋게 보았다. 배버는 외교관인 동시에 열정적인 지리학자였다. 지리와 언어, 정치에 대한 그의 관심은 어떤 면에서 시대와 문화를 넘어 내 삶의 여정과 연결되기도 한다.

사실 나는 러시아 황실이 파견한 발트독일인 외교관 배버에 대해 폭넓게 공부한 적이 없다. 그가 조선-러시아 우호통상조약의 체결에 적극적인 역할을 했고 구한말에 조선의 독립을 유지하기 위해 힘썼다는 사실을 알고 있는 정도였다. 동아시아 전문가로서 배버는 일제에 맞서 나라의 주권을 지키려는 고종의 노력에 힘을 보탰다. 배버-고무라협정은 그가 용의주도하게 엮어낸 정책의 결과였다.

명성황후가 시해된 후 고종황제가 러시아 공사관으로 파천한 것은 카를 폰 배버에 대한 신임을 말해 준다. 현시점에서 보면 아주 재미있는 에피소드가 있다. 배버는 1902-1903년(러시아로 귀국한 지 5년 후) 고종황제 어극 40년을 맞아 차르(니콜라이 2세)의 특사로 다시 한국을 방문했다. 그러나 축하연은 콜레라와 홍역 때문에 1년 연기해야만 했다. 역사는 반복된다. 그때나 지금이나 현실정치에 전략적 선견지명이 부족하기는 마찬가지인 것 같다.

그리하여 100년이 넘게 흐른 지금 일본 강점의 전장에서 러시아 제국에 복무한 발트독일인 동아시아 전문가의 눈에 한국이 어떻게 비쳤는지를 보는 것은 흥미로울 것이다. 배울 점도 꽤 있을 것이다. 배버는 언어, 정치, 역사, 특히 지리와 국제관계에 관해 풍부한 지식이 있었기 때문이다. 상트페테르부르크대학교에서 동양학을 전공했고 일본, 중국과 한국에서 30년 넘게 근무한 덕분이다. 지리학자로서 배버의 업적도 재조명되어야 할 것이다. 이 책은 1885년에서 1897년 사이에 유럽 지리학자의 시각으로 바라본 서울과 그 주변 지역의 사진들을 보여 준다.

저자 실비아 브래젤 박사와 남편 하트무트 브래젤 박사는 이 책에서 국경을 넘는 지식을 통해 인식의 확장을 시도한다. 전직 외교관인 하르트무트 브래젤 박사는 문헌 연구와 러시아어 번역으로 이 책의 출간에 결정적으로 기여했다. 독일 작센주 태생인 실비아 브래젤 박사는 독문학과 문화학을 연구하며 자신의 다채로운 삶의 경험을 통해 동서양 간에 문화의 교량을 놓고자 한다. 여기서 나는 저자와 동아시아 전문가 배버 사이에 많은 공통점을 본다. 역사적 변혁 및 연관된 상황들은 이들의 인생경로를 순탄치 않게 만들었다. 그러나 스스로 자신들의 자리를 찾아내고 또 성취하였다. 그들의 경험은 아마도 책 속에 녹아들었을 것이다. 저자가 공자의 가르침에 탐닉하고 한국학에 헌신하고 있는 점도 반영되었을 것이다.

통일부 장관과 중국대사를 역임한 한국의 학자로서 나는 이 역사적 사진들이 적절

한 시기에 출판되었다고 평가하고 환영한다. 그런 의미에서 관련된 분들, 특히 귀중한 자료를 출판하도록 제공한 카를 폰 배버의 손녀 에바 니트펠트 폰 배버 여사께 감사와 축하를 드린다. 에세이 형식의 해설로 오래된 사진들을 다시 살려낸 저자에게도 감사드리고 특별히 이 책의 출판으로 국제적 이해를 강화한 나의 옛 제자 푸른길 출판사의 김선기 대표에게도 고마움을 표한다.

나는 이 특별한 책이 많은 독자를 얻어 한국과 동아시아 그리고 유럽에서 역사의 전개 과정에 관한 지식의 확장에 기여하기를 바란다. 한국은 오늘날 선진 산업국가로 발전하였고 새로운 변화를 겪고 있다. 조선왕조 시대의 한국에 관한 이 책이 이 시기 남북한 간에 소통을 촉진하게 된다면 그 또한 축복이 될 것이다. 아마 배버도 그것을 기꺼이 보고 싶어할 것이다.

서울에서 2022년 10월

류우익

서울대학교 명예교수

차례

동서양을 넘나든 가족사에 투영된 역사

한 시대가 고찰된다. -하인리히 만

이 책은 러시아 외교관 카를 폰 배버Carl von Waeber, 1841-1910의 방대한 가족사를 다룬다. 발트독일인 배버는 19세기 말에서 20세기 초에 러시아 제국이 파견한 외교관으로 활동했다. 구한말 조선과 대한제국, 동아시아, 동·서유럽에서 활동한 배버는 다양한 체험을 사진으로 기록했다. 이 책에서 배버의 유품으로 남은 사진들을 소개하고 한 가족사에 투영된 당대 역사를 흥미로운 실화를 곁들여 이야기하고자 한다.

방대한 배버 가족사를 파악하기 위해 배버의 유품 자료 및 관련 지역 기록보관소 소장자료를 토대로 집중적으로 취재하고 분석했다. 무엇보다 동유럽의 기록보관소 취재가 반드시 필요했는데, 1989년 동구권 개방 이전에는 동유럽에 소장된 자료를 열람하는 작업이 난제였다. 필자는 대한민국, 독일, 러시아, 발트연안국, 프랑스에서 직접 취재한 배버 가족사를 추적하는 과정에서 깨달은 바가 있다. 배버 가족사를 살펴보기에 앞서 발트독일인의 역사를 되짚어 보아야 한다는 점이다. 발트연안국은 다민족국가 러시아에 수세기 동안 복속되었다. 배버 가문처럼 이곳에 이주해 정착한 독일 소수민을 발트독일인이라고 한다. 발트독일인 소수민의 역사는 700년 넘게 지속되었지만 부분적으로 잊혀진 상태이다.

발트독일계 목사, 교사, 학자들이 라트비아, 에스토니아 국민을 위해 남긴 업적도 오늘날 거의 잊혀졌다. 민족국가 라트비아, 에스토니아는 제1차 세계대전 후에 러시아로부터 독립했다. 제2차 세계대전을 앞두고 발트제국에서 독일 파시스트 정권과 체결한 각종 조약이 이행되었다. 이에 따라 발트독일인들은 재산을 몰수당하고 발트제국을 등진다. 카를 폰 배버와 부인 유제니Eugenie(친정 성은 마크Maack), 훌륭한 선조가 이러한 다층적 전개 과정의 역사적 증인이다. 20세기에 독일이 도발한 양차 세계대전의 결과가 개인의 운명, 위기, 변혁에 여실하게 투영되고 1989-1990년 통독 전환기에 이르기까지 영향을 끼쳤다.

취재 과정에서 필자는 여러 사람들과 흥미로운 대화를 나눌 수 있었다. 다양한 문화권의 위인들을 재발견하고 그들 삶의 현장을 '역사의 골방'에서 상징적으로 해방시켰다. 과거란 개인사의 분절점에서 살아나는 것뿐만 아니라 역사와 현재에 대해서도 새로운 관점을 열어 주기 때문이다. 나는 가족과 함께 서울에서 근무하고 생활한 경험이 있고 카를 폰 배버가 작고한 도시 라데보일 근교에서 내가 태어났다. 그래서 이 책이 독일 동부에 있는 내 실제 고향과 나의 '제2의 고향'인 한국을 연결해 주는 가교라고 생각한다.

때로 행운이 따르기도 했다.

2013년에 취재 과정에서 파트리시아 드 마크Patricia de Maack 여사를 만났다. 마크 여사는 배버-마크 가족의 유품을 보존하고 있었고 내게 몇몇 사진과 자료를 열람하게 해 주었다. 이 자료들을 내가 2014년에 독일어로 출간했고Olzog edition, 그 후에 영어로 최초 출간Transactions, Vol. 89/2014했다. 이 자료를 통해서 배버-마크-손탁 가문

친족 관계의 비밀이 마침내 밝혀졌다. 마크와 손탁은 외교관 배버의 생애에서 중요한 역할을 하는 이름들이다. 나는 배버 가족이 독일 드레스덴 근교의 라데보일에 마련한 자택에서 만년을 보낸 사실도 알게 되었다.

독일, 미국, 한국에 소장된 자료를 비롯해 지금까지 별다른 주목을 받지 못한 러시아 자료들도 참고했다. 발트독일인 배버가 조선에서 러시아 공사로 활동했기 때문에 러시아 자료를 활용했다.

내 호기심이 깨어나기도 했다. 인터넷 검색 중에 나는 독일 드레스덴 근교의 라데보일에서 문화재로 지정된 저택을 주목하게 되었다. '코리아Korea'라는 택호를 가진 저택이었다. 2015년 1월에 플랫폼 관리자 베르그너Bergner 씨가 당시 토지소유주와 전화 통화를 주선해 주었다. 건축물대장을 열람하고, 카를 폰 배버가 실제로 거주했던 자택이었다는 사실을 확인할 수 있었다. 당시 빌라의 소유주였던 슈바베Schwabe 씨는 이 사안에 관심을 가졌고 기꺼이 도와주었다. 외교관 배버의 손녀와 처음 연락할 때 슈바베 씨가 결정적인 가교 역할을 해 주었다.

2015년 2월 22일에 에바 니트펠트 폰 배버Ebba Nietfeld-von Waeber 여사가 내게 답신을 보내 왔다.

> 보내주신 메일 받고 매우 기뻤습니다. (…) 네, (…) 저는 이 사안에 관심이 많습니다. 제가 폰 배버 가문의 마지막 유일한 후손입니다. 관련 사항들은 많은 부분 [1989~1990년] 통독 전환기가 지나서야 세상에 알려졌죠. 아버지[카를 배버의 차남 오이겐]가 재혼 후에 저를 낳으셔서, 친조부모 내외분[카를 폰 배버 부부]을 실제로 뵙지는 못했어요. 하지만 당시 사진 등은 물론 아직 많이 보관하고 있지요. 프로일라인 손탁이라는 외가 쪽 친척 이름은 들어봤어요. 하지만 제2차 세계대전 종전 무렵에 제가 일곱 살이어서 아버지가 러시아어와 중국어 등 기타 외국어를 하신 것은 몰랐어요. 아

마도 조심스러워서 부모님이 언급을 피하셨겠죠. 역사적으로 정말 흥미롭네요. 내일 저녁에 연락드리죠.

니트펠트-폰 배버 여사와 나의 신뢰 깊은 우정의 역사가 이렇게 시작된다. 폰 배버 가족의 업적에 대한 나의 경의를 담은 우정이다. 에바 니트펠트 폰 배버 여사는 가족사에 대해 많은 이야기를 해 주었고 열린 마음으로 취재에 응해 주었다. 특히 귀중한 원본 사진 자료와 기록을 제공해서 이 책이 세상에 나오는 데 결정적인 기여를 했다.

니트펠트-폰 배버 여사는 2019년 3월 19일에 조부의 유품 기록을 필자인 나에게 양도한다는 공증서를 작성했고 유품 자료 관련서 출판을 나에게 의뢰했다.

감사하는 마음으로 에바 니트펠트 폰 배버 여사께 이 책을 헌정한다.

이 책이 완성되기까지 성심껏 지원해 준 니트펠트-폰 배버1937-2021 여사가 지난해에 세상을 떠났다. 존경하는 조부의 사진 자료집 독어판Bilder eines Diplomatenlebens Zwischen Europa und Ostasien - Carl von Waeber(1841-1910) 출판을 바로 앞둔 시점이었다. 애석한 일이다. 필자인 나는 훌륭한 외교관 배버의 유산과 명예를 지키고 배버의 생애와 영향력에 대한 허위 주장과 위조된 자료들을 바로잡아야 할 책임이 그만큼 더 막중해졌다.

배버의 외교 업적을 다룬 러시아 최초의 관련서B.B. Pak, Moskau, 2013에 실린 몇몇 오류가 발단이 되었다. 러시아의 한국학자 벨라 보리소브나 박B.B. Pak 교수가 2013년에 출간한 위의 저서에서 배버의 개인사가 부분적으로 잘못 기술되었고 잘못된 사진 자료가 수록되었다. 책표지 인물 사진은 외교관 카를 폰 배버의 사진이 아니다. 책에 수록된 또 다른 사진도 카를 폰 배버 부부의 사진이 아니다. 카를 폰 배버가 안나 폰 자스Anna von Sass라는 여성과 초혼해서 아들 발터 베른하르트Walter Bernhard가 태어났다는 주장도 사실이 아니다. 이 책에 수록한 배버 가문 상세 가계도를 확인하면 벨라 박 교수의 주장이 오류라는 사실이 입증된다.

1927년 5월 17일 자 레발Reval(현지지명 Tallin)의 사망신고 기록을 참고하자. 상인 베버는 “야콥Jakob의 아들”이라고 기록되었다. 발터 베버는 레발에 있는 C. 페텐베르크C. Petenberg라는 회사의 사주이자 와인 애호가로 알려졌다. 그는 ‘쥐세스 로흐Süsses Loch’라는 식당을 운영했다. 에스토니아어로 출판된 관련서Tallinna Suurgild ja gildimaja, Tallin 2011에 실린 역사적 사진 자료를 참고하자. 벨라 박 교수가 카를 폰 배버의 아들이라고 오판해 2013년 저서에 사진까지 수록한 바로 그 인물이 발터 베버이다. 1927년 5월 21일 자 〈레발 신문Revaler Boten〉에 실린 발터 베버의 부고도 귀족 가문인 폰 배버 가문과 그 어떤 연관도 없다. 각지의 기록보관소를 통해 원본 자료를 모두 직접 열람하고 확인했다. 소장 기관의 승인하에 검증된 원본 자료를 복사해서 현재 모두 소장하고 있다. 확인이 필요하다면 언제든지 제시할 수 있다.

벨라 박 교수의 책에서 해당 사진과 관련 내용에 오류가 있다는 점은 우려스럽게도 사실이다. 내가 확인한 원본 자료에 근거해서 위조 사실을 확실하게 판단할 수 있다. 벨라 박 교수가 감사의 글에서 K. I. 베버와 W. F. 베버라는 이름의 고조손들을 언급했다. 배버의 후손이라고 제시한 인물들이지만 사실이 아니다. 배버 가문 족보에 고조손들이라고 주장하며 상관없는 성명을 삽입한 의도가 과시욕 때문인지 혹은 다른 동기가 있는지에 관해서는 여기서 밝혀낼 수 없다. 분명한 것은 카를 폰 배버Carl von Waeber와 발터 베른하르트 베버Walter Bernhard Weber는 확실하게 친족 관계가 아니라는 점이다. 독일어 성명 철자만 보아도 배버Waeber와 베버Weber로 엄연히 다르게 표기된다. 명백하게 서로 전혀 다른 가문이다.

외교관 카를 폰 배버의 손녀 에바 니트펠트-폰 배버 여사가 내게 보낸 2015년 2월 28일 자 편지와 2019년 8월 26일 자 이메일에서 이러한 오류를 바로잡아 주기를 요청했다. 카를 폰 배버를 추모하고 올바른 사실을 기록으로 남겨야 한다는 의미에서 여사의 요청을 이해할 수 있었다.

2013년에 러시아어로 출판된 벨라 박 교수의 저서는 『러시아 외교관 베베르와 조선』이라는 제목으로 2020년 6월에 서울에서 출간되었다. 러시아어 원본의 오류들이 모두 그대로 한국어로 번역되어 특약 출판되었다. 2020년 한국어 번역본 표지와 번역본에 수록된 사진을 보면 카를 폰 배버가 고종황제와 황태자와 함께 촬영한 사진이라고 소개한다. 벨라 박 교수는 해당 사진의 출처를 1907년 7월 11일 자 러시아 잡지 〈새로운 시대Новое Время〉 제24호라고 밝혔다. 하지만 사진 출처를 직접 확인해 본 결과 〈새로운 시대〉에 수록된 역사적인 사진에는 고종황제와 황태자만 있었다. 사진 아래쪽에 붙인 설명이 그 점을 명확히 말해 준다. 2013년 벨라 박 교수의 책에서 카를 폰 배버라고 설명한 인물은 원본 사진에 없던 인물이다. 저자가 그 인물을 추가로 삽입해서 위조한 것이다.

위에 언급한 책 표지나 사진 자료를 이 자리에 게재할 수는 없어서 여기서는 벨라 박 교수가 집필한 러시아 책에 실린 위조와 오류들을 언급하는 선에 그친다. 대신에 러시아 잡지 〈새로운 시대〉에 실린 위조되지 않은 원본 사진을 이 책의 제1장 말미에 수록해 독자들이 직접 판단할 수 있도록 했다.

2020년 11월 12일에 상트페테르부르크St. Petersburg에 있는 쿤스트카메라 민속학-인류학 박물관에서 "베베르 공사 특별전" 전시회 개막식이 개최되었다. 이 전시회에서도 외교관 카를 폰 배버와 관련해 명백히 위조된 사진들이 소개되었다.

외교관 카를 폰 배버의 마지막 후손이었던 에바 니트펠트-폰 배버 여사는 2021년 5월에 별세하기 직전까지 나의 집필 작업에 도움을 주었다. 외교관 폰 배버는 유제니 마크1850-1921와 결혼해서 슬하에 두 아들 에른스트Ernst, 1873-1917와 오이겐Eugen, 1879-1952을 두었다. 장남 에른스트 폰 배버는 평생 미혼으로 부모와 함께 살았다. 카를 폰 배버의 후손으로 차남 오이겐 폰 배버의 자녀만 남았다. 오이겐은 첫 부인 베르타

Berta와 1927년에 사별했고 일제Ilse와 1932년에 재혼했다. 초혼에서 낳은 자녀들은 유감스럽게도 모두 요절했다. 오이겐이 재혼 후에 낳은 차녀 에바 니트펠트-폰 배버가 배버의 유산과 유품을 모두 상속받았다.

카를 폰 배버의 유품은 20세기의 수많은 위기와 정치적 변혁기를 거치면서도 소실되지 않고 보존되었다. 배버가 1910년 라데보일에서 작고한 후에 부인 유제니 폰 배버가 유산과 유품을 관리했다. 1921년에 유제니가 별세한 후에는 차남 오이겐 폰 배버가 관리를 맡았다. 1879년 톈진에서 태어난 오이겐은 부모를 따라 조선으로 이주해 한양 생활을 했다. 오이겐의 재혼 부인 일제 폰 배버Ilse von Waeber, 1904-1977(친정 성은 바이로이터-보예Beyreuther-Boye)가 열정적으로 유품을 지키지 않았다면, 이 책에서 최초 공개하는 사진과 기록은 제2차 세계대전과 전후 혼란 속에서 소실되었을 것이다. 일제 폰 배버는 말하자면 독일 극작가 레싱의『민나 폰 바른헬름』처럼 실천력이 강했다. 1952년 오이겐이 작고한 후에 그녀는 유품을 작센주 켐니츠의 자택에 보관했다. 동독에서 연금 수령 연령에 이른 노부인 일제는 당시 서독에 거주하던 딸 에바의 집으로 이주했고 딸에게 사진과 자료들을 넘겨 주었다. 유럽과 동아시아에서 전개된 배버 가족의 다층적인 생애를 증빙하는 자료이다.

배버 가족사와 관련해 이 책에서 최초로 공개하는 사진 자료와 역사적으로 검증된 각종 기록에 근거해서 이 책을 집필했다. 특히 조선(도시, 일상, 1885-1897년 사이에 한양-한성부에서 만난 인물들), 청국, 일본 체류 당시의 사진과 기록들이다. 배버 가문 후손들이 필자인 나에게 이 자료들을 양도하거나 제공해 주었다. 내 경험에 비추어 볼 때 역사적 사실보다 개인적 사진들이 종종 더 뇌리에 선명하게 남는다.

유품 사진 자료와 각종 문서는 발트제국에서 보낸 배버의 유년기, 알자스에서 보낸 손탁의 유년기를 증빙하고 프랑스 칸, 독일 라데보일에서 보낸 배버 가족과 손탁 가족의 만년을 기록하고 있다.

국제적으로 활동했던 배버-마크 가족 그리고 대한제국 황실전례관 프로일라인 손탁1838-1922과의 친족 관계가 이 자료들을 통해 다층적으로 투명하게 드러난다. 마리-앙투아네트 손탁이 남긴 식물 연구 업적도 이 책에서 최초로 소개하고 기린다. 손탁의 식물 수집 표본은 현재 상트페테르부르크 소재 코마로프 식물연구소Komarov Botanical Institute가 소장하고 있다. 손탁 식물표본은 시베리아 전문가로 이름을 알린 식물학자 리햐르트 칼로비치 마크Richard Karlowitsch Maack, 1825-1886와 연관점이 있다.

카를 폰 배버는 교양이 풍부하고 다방면에 관심 있는 외교관이었다. 다년간 러시아 공사로 재직하면서 조선의 문화를 집중적으로 연구했다. 배버는 조선의 한지 공예품들과 귀중한 부채 등을 포함하는 조선 문화 컬렉션을 1907년에 상트페테르부르크의 쿤스트카메라에 기증했다. 쿤스트카메라는 표트르 1세가 러시아 민족들을 교육하고 계몽하기 위해 설립한 민속학-인류학 박물관이다. 배버는 표트르 1세의 계몽사상을 실천해야 한다는 사명감을 평생 잊지 않았다. 배버의 방대한 코리아-컬렉션227-121/18946은 현재 네바Neva 강가의 쿤스트카메라에 소장되어 있다. 코리아-컬렉션은 배버 후손들이 내게 양도한 유품 사진 자료를 상징적으로 보완해 준다. 또한 정치적 혼란기 조선에서 보여 준 배버의 편견 없는 문화 중재 업적을 특별한 방식으로 기록하고 있다. 2020년 11월 12일에 쿤스트카메라에서 개최된 베베르 공사 특별전에서 위조된 사진 자료가 전시된 점은 이런 의미에서 특히 유감스럽다.

배버 유품으로 남은 방대한 문서에는 생의 여러 단계를 보여 주는 다수의 사진 자료, 관공서에서 발급한 각종 증명서, 가계도가 포함된다. 발트연안국과 러시아에서 지금까지도 존경받는 성서번역가 요한 에른스트 글뤽Johann Ernst Glück, 1654-1705 목사가 유제니 폰 배버(친정 성은 마크)의 훌륭한 선조라는 사실을 가계도에서 찾아낼 수 있었다.

오래된 증명서와 문서를 직접 분석해서 1686년 이후 배버 가문과 1769년 이후 마크 가문의 친족 관계를 명확하게 정리할 수 있었다. 그리고 발트제국과 알자스로 거슬러 올라가는 배버-마크-손탁 가문의 뿌리를 기록할 수 있었다. 원본 기록과 사진 자료를 보면 흥미로운 교차점이 드러난다. 발트제국(1918년까지 러시아제국에 복속)에 정착한 독일 소수민과 러시아로 이주한 독일인들이 학술 기관 및 행정 분야 관료로 활발히 활동한 사실도 확인된다. 이는 러시아인과 독일인의 관계가 몇 세기에 걸쳐서 공고했다는 사실을 말해 준다. 그러나 이러한 관계는 오늘날 잊혀진 듯하다. 안톤 폰 시프너Anton von Schiefner, 1817-1879, 리하르트 마크Richard Maack, 1825-1886, 빌헬름 그루베Wilhelm Grube, 1855-1908와 같은 학자들을 대표적인 인물로 거론할 수 있겠다.

이 책에는 카를 폰 배버 가족사와 관련된 사진을 중심으로 원본 사진 자료와 검증된 근거자료만 선별하며 수록했다. 1885년과 1897년 사이에 촬영된 풍경 사진 중에는 배버가 직접 촬영한 사진들이 있다. 촬영지와 촬영 시점을 빠짐없이 세밀하게 분류할 수는 없었다. 라우텐자흐Lautensach를 연구한 독일 킬대학교 에카르트 데게Eckart Dege 교수는 한국지리학 전문가이다. 데게 교수의 협조 덕분에 카를 폰 배버가 지리학적 관점에서 촬영한 사진들을 비로소 분류하고 설명할 수 있었다. 성심껏 도움을 주신 데게 교수께 감사드린다.

특히 이 책의 추천사를 써 주신 대한민국 전 통일부 장관 류우익 교수께도 감사드린다.

독일 킬대학교에서 지리학으로 박사학위를 받은 류우익 교수는 한독 관계를 상징적으로 보여 주는 분이다. 또한 류우익 교수와 카를 폰 배버의 생애는 분명히 닮은 점이 있다. 지리학 교수로 재직했고 정치가로도 활동한 류우익 교수는 베이징 주재 한국 대사를 역임했다. 중국, 일본, 조선에서 이름난 외교관이었던 배버는 1861년부터 1865년까지 상트페테르부르크 대학교에서 동아시아 언어를 전공한 실력 있는 지리학자였다. 주재국 조선의 지리학 및 지도 제작 관련 저작 또한 출간했다. 배버는 주목할 만한 백과사전적인 지식을 갖춘 외교관이었다. 동아시아의 언어, 문학, 정치, 철학, 지리학에 관한 그의 방대한 지식을 외교관 활동에 접목시킬 수 있었다.

정치적 혼란기에 조선과 대한제국에서 다양한 국적을 가진 인물들의 생애가 서로 연결된다. 그들 삶의 궤적은 19세기와 20세기에 일어난 여러 사건을 통해 드러나고 특별한 방식으로 세계사의 한 부분을 포착할 수 있게 되는 것이다.

1990년 동서독 통일 이후부터 여러 나라(러시아, 독일, 발트연안국, 프랑스 등)에 산재한 자료를 통합해서 볼 수 있게 되었다. 과거와 현재에 여러 민족과 지역이 공존한 사례를 제시할 수 있었다. 배버 가족과 친지, 전문가들, 당대 위인들과 관련된 배버와 손탁의 인간관계를 그려내면서 '동양과 서양'이 연결된다. (그리고 배버 가족사는 옛 동독과 서독을 연결하기도 한다.) 이렇게 해서 '국제성'이라는 추상적인 개념이 가시적으로 구체화된다.

나의 개인적 체험과도 상응하는 점이 있다. 나는 가족과 함께 30여 년에 걸쳐 한국과 학문적·인간적인 관계를 지속해 오고 있다. 이렇게 쌓인 신뢰가 우리 가족의 삶에 깊이 새겨졌다. 체험, 가치, 지식, 존중을 공유하면서 한국과 생산적인 관계를 함께하게 되었다. 연세대학교 독문과 재학 시절부터 내가 인정하는 역자에게 고마움을 전한다. 이 책은 이 모든 것의 결실이다. 그리고 내가 직접 체험한 문화교류가 21세기에도 지속된다는 사실을 상징적으로 보여 주는 결과물이다.

지리학 출판으로 특화된 서울의 푸른길 출판사가 이 사진 자료집의 출판을 맡아 주었다. 푸른길 출판사의 김선기 대표와 이선주 팀장의 적극적 지원과 세심한 협력에 감사드린다.

이 책의 취지는 항상 '눈높이를 맞추어' 대화를 시도했던 카를 폰 배버의 삶의 태도와도 상통한다. 발트독일인 소수민 출신으로 러시아 외교관이 된 배버는 경계와 제약을 넘어 서로 다른 민족과 문화를 중재하는 삶을 실천했다.

러시아 잡지에 실린 원본 사진과 설명

Новое Время

ГОСУДАРСТВЕННЫЙ ПЕРЕВОРОТЪ ВЪ КОРЕѢ.

Корейскимъ императоромъ было отправлено въ Гаагу посольство съ цѣлью получить прав и для Кореи, какъ самостоятельнаго государства, имѣть своего представителя на конференціи мира. Этотъ дипломатическій шагъ императора возбудилъ противъ него Японію, и дѣло кончилось тѣмъ, что императоръ долженъ былъ отречься отъ престола въ пользу наслѣднаго принца. Группа снята въ Сеулѣ передъ послѣдней войной. Императоръ на фотографіи ближе къ зрителю, рядомъ съ нимъ—наслѣдный принцъ.

ачала за тѣмъ, чтобы привить имъ лю-
овь къ порядку и ко всему хорошему.
Іяньку держатъ только для того, чтобы
ыло кому ходить за дѣтьми, потому что
изическій уходъ играетъ огромную роль
ъ дѣлѣ воспитанія дѣтей, но кромѣ того
тъ нея требуютъ также, чтобы она учи-

ла дѣтей приличнымъ манерамъ и пріуча-
ла ихъ къ дисциплинѣ.
Онѣ,—почти всѣ безъ исключенія,—
стараются внушить дѣтямъ отвращеніе
ко лжи, стараются пріучить ихъ держать
данное слово. Дѣти Англичанъ лгутъ
меньше какихъ бы то ни было другихъ

1907년 7월 11일 자 러시아 잡지 〈새로운 시대Новое Время〉 제24호에 수록된 원본 사진. 대한제국 고종황제와 황태자의 모습이다.
https://vivaldi.nlr.ru/pn000115303/view/?#page=402(검색일: 2021.5.2.)

1907년 7월 11일 자 러시아 잡지 〈새로운 시대〉에 수록된 대한제국 황제와 황태자의 원본 사진에 첨부된 러시아어 해설을 하르트무트 브래젤 박사가 번역한 내용은 다음과 같다.

〈새로운 시대〉 사진 하단의 설명

"코리아의 정변. 대한제국 황제는 만국 평화회의에서 코리아가 독립국으로서 국권을 수호할 목적으로 헤이그에 사절단을 파견하였다. 황제의 이러한 외교적 행보에 대해 일본이 항의했고 이 사건으로 인해 황제는 황태자에게 양위하도록 강요받았다. 이 단체 사진은 러일전쟁(1904-1905)이 발발하기 전에 한성부에서 촬영되었다. 사진 앞쪽에 황제가 서 있고 그 옆에 황태자가 있다."

원본 사진에 대한 필자 실비아 브래젤의 추가 설명

세계 각지의 기록보관소에 광범위한 연구 자료가 소장되어 있음에도 불구하고, 필자가 이 책을 집필하기 전까지 카를 폰 배버의 일대기 전체를 증빙하는 사진 자료나 세부 기록이 어디에도 없었다. 이 때문에 2013년에 모스크바에서 출간된 벨라 보리소브나 박(B.B. Park) 교수의 저서『러시아 외교관 베베르와 조선』에 유감스럽게도 잘못된 기록 및 사진에 근거한 내용을 수록했다. 러시아어로 쓴 벨라 박 교수의 저서에 실린 오류가 그대로 한국어로 번역되어 2020년에 서울에서 출판되었다. 한국어 번역본 표지에 외교관 카를 폰 배버의 사진을 넣기 위해 벨라 박 교수는 1907년 7월 11일 자 〈새로운 시대〉 제24호에 실린 사진을 재수록했다고 제시했다. 이 사진이 대한제국 황제와 황태자가 배버와 함께 촬영한 사진이라는 것이다.

이 점에 관해서는 교보문고의 출판 목록을 참고하기 바란다. http://www.kyobobook.co.kr/product/detailViewKor.laf?ejkGb=KOR&mallGb=KOR&barcode=9788961875424(검색일: 2021년 5월 4일)

그러나 벨라 박 교수가 사진 출처로 제시한 〈새로운 시대〉의 해당 원본 사진에는 한성부에 있는 러시아 공사관 현관 앞에 선 대한제국 고종황제와 황태자 모습만 있다. 원본 사진 속에 카를 폰 배버는 없다.

2020년에 출간된 벨라 박 교수의 한국어 번역본에 수록된 사진을 보자. 카를 폰 배버의 모습이라고 주장했지만 정확히 누구인지 알 수 없는 인물을 복사해서 원본 사진에 추가로 삽입한 것이 분명하다. 이러한 방식의 위조는 외교관 카를 폰 배버에 대한 부당한 처사일 뿐 아니라 대한제국 황제의 존엄을 훼손한 것이다. 학문적 엄정성에서 볼 때 언급할 가치조차 없는 위조이다.

외교관 카를 폰 배버 부부 유품 사진 자료:

유럽과 동아시아에서 보낸 생애

시간이 무엇인지 모르는 사람은 영상을 이해하지 못한다. -스텐 나돌니

역사적인 기록 사진을 분류하고 이해하는 작업에 자극이 될 만한 유용한 정보들을 개괄하면서 시작해 보자. 이 책에 수록된 자료는 이미 한 세기 이전에 촬영된 사진들이다. 백 년 넘는 시간이 흐르는 동안 홍수처럼 범람하는 영상 매체와 관련 기술을 접하면서 우리의 시각적 습관은 크게 변화했다. 앞에 언급한 작가 스텐 나돌니Sten Nadolny의 인용문이 이러한 변화를 선명하게 표현한다. 이 책에서는 지나간 시대와 인물들을 단순화하려는 것이 아니라 재발견하는 작업을 시도하고자 한다. 포토그래피의 역사와 관련지어서 사진 자료를 역사적으로 분류 및 분석하는 작업은 필수적이다. 향수에 젖어서 몰락한 세계의 사진들을 소환해서는 안 된다. 아마도 이 사진들은 '역사를 시간과 공간 속에서' 새롭게 고찰하도록 자극을 줄 수 있을 것이다. "마치 하얀 설경 속에 감추어진 실체처럼, 누군가의 사진 속에는 그 사람의 이야기가 숨어 있다"(지그프리트 크라카우어).

화가 루이 다게르Louis Daguerre, 1787-1851는 발명가이기도 했다. 다게르가 1839년 파리에서 은판사진법을 최초로 소개했다. 사진 매체의 성공가도에 초석을 놓은 것이다. 곧바로 사진 분야가 번성했고 사진의 산업화가 시작되었다. 새로 등장한 사진 아틀리에에서 유행한 인물 사진 촬영은 대단한 인기를 끌었다. 사진술 도입 초기에 인물 사진은 특권층만 누리는 지위의 상징이었다. 특히 중산층에서 사진이 초상화를 대신하게 되었다. 배버와 마크 가문의 초기 인물 사진들이 그 증거자료이다. 그림에 그려 넣었던 연출적 요소들을 사진 배경에도 넣었다. 테이블, 의자, 기둥 받침이 있는 난간, 커튼, 소형 도자기장식품, 꽃장식 등 촬영 소품은 특별한 분위기를 모방했다. 때때로 배경에 장식적인 요소를 그려 넣기도 했다. 조명 효과를 사용하면서(사진관의 유리 천장, 후에는 인공 조명) 장식적 요소의 시각적 효과가 커졌다. 사진술이 발달하면서 이미 초창기부터 초현실주의적이고 비현실적인 사진들이 탄생했다. 그러므로 사진 위조 기술의 역사 또한 장구하다. 예술적 야망에서부터 정치선전, 계산된 사기에 이르기까지 사진을 위조하는 이유는 다양하다.

여행문학과 관련 잡지들은 1900년부터 본격적으로 외국 기행문과 더불어 풍경사진을 수록했다. 기행문이 인기를 누리자 풍경사진은 덩달아 인기를 모았다. 대규모 대중관광이 아직 없던 시대에 외국기행문은 이국적인 것에 대한 동경과 '타자'에 대한 지식욕을 합치시켜 상승작용을 일으키는 자극제가 되었다.

니부어Niebuhr나 훔볼트Humboldt는 세밀화에 의존해 집필했다. 반면에 스벤 헤딘Sven Hedin의 탐험기나 실제 사진을 수록한 수많은 조선 여행기들은 저렴한 비용으로 넓은 독자층을 얻을 수 있었다. 지그프리트 겐테Siegfried Genthe, 노르베르트 베버Norbert Weber, 엠마 크뢰벨Emma Kroebel, 헤르만 라우텐자흐Hermann Lautensach가 독일어로 출간한 여행기가 기억해 둘 만한 대표적인 예이다. 새로운 기술로 촬영한 동식물의 세밀한 사진이 풍경화를 선도하고 다시금 인상주의 회화에 생산적인 영향을 끼쳤다. 여행 사진이나 저널리즘에 사진 매체가 활용되었다. 1870년부터는 아마추어 사진 촬영도 시작되었다. 휴대용 카메라가 출시되면서 아마추어 촬영이 성행하게 된 것이다. 하지만 현대적 디지털 시대만큼 사진을 대량 생산할 수는 없었다. 그래서 사진은 어느 정도 희소가치가 있는 자료였다. 사진사로도 이름을 알린 종군기자 펠리체 베아토Felice Beato, 1832-1909가 1871년 처음으로 조선에서 촬영을 했다. 1874년부터 한양에 김용원1842-1892, 황철1864-1930, 지운영1852-1935을 비롯한 조선인 사진전문가들이 촬영국을 열었다. 하지만 백성들은 사진을 마술이라 여겨 불신했고 촬영국 기자재를 파괴하는 사건까지 일어났다. 새로운 기술에 관심이 깊었던 고종 임금(후일 고종황제, 1852~1919)과 조선의 상류층만 사진 촬영을 했다. 당시 사진은 비싼 매체였고 오랫동안 서양인들이 사진 업계를 장악했다.

카를 폰 배버의 유품으로 남은 다양한 사진 자료가 이 모든 발전과정을 담고 있다. 한양에서 살던 시절을 기념하는 배버의 가족 앨범에 풍경 사진 40장이 들어 있다. 그 중 일부를 이 책에 수록했다. 이 사진들은 희귀한 자료이다. 다른 사진 10장은 주요 건물이나 조선시대 일상을 촬영한 사진이다. 배버가 촬영한 일상 사진은 당대 서양인의 동양에 대한 일반적 고정관념을 보여 주는 그런 부류의 사진이 아니다. 20세기에 일어난 여러 차례의 전쟁, 특히 한국전쟁1950-1953으로 많은 건축물과 문화재가 파괴되었기 때문에 조선과 대한제국의 모습을 기록한 배버의 유품 사진은 중요한 역사 자료이다. 이 책의 각 장에서 배버가 촬영한 사진들을 소개한다.

배버 가족 앨범 사진 가운데 약 20장은 조선과 동아시아에 온 서양인의 모습을 담고 있어서 특별한 의미가 있다. 배버 부부가 공식 석상에서 서양 손님들이나 조선의 고관대작들과 촬영한 사진들이다. 다양한 문화권에서 온 귀빈들을 위한 세부적인 의전 및 의례를 '생생하게 증언하는' 사진 자료이다. 여기에는 대원군1820-1898과 조선의 왕자들 사진, 대한제국 황실에서 배버 가족에게 보낸 필사본 인사장 등 희귀한 자료들도 포함된다. 배버가 한양 주재 러시아 공사관에서 역관과 함께 촬영한 사진들은 몇 장 안 되지만 이 또한 귀중한 자료라 할 수 있다.

지금까지 보존된 12장의 사진을 보면 배버 가족과 손탁이 한양에서 실제로 어떻게 생활했는지 보여 준다. 발트제국, 알자스 지방, 프랑스 칸, 러시아 상트페테르부르크, 독일 라데보일과 켐니츠로 연결되는 가족사와 관련된 사진들을 이 책에 수록했다. 배버, 마크, 손탁 가계에 관련한 사진 및 기록은 핵심자료이다. 사진 속에서 방대한 가족사가 그려지고 가족사를 통해 당대 역사가 생생하게 되살아난다. 한 사회의 과거를 기억하는 문화는 그 사회의 현재를 보여 주는 거울인 것이다. 이러한 의미에서 다양한 문화와 여러 세대 간의 교류를 독려하는 것이 이 사진 자료집을 발간하는 취지이다.

이 장 말미에 요코하마 사진들을 수록한다. 서로 다른 동서양 사고체계의 긴장 관계 안에서 한 시대를 기록하는 것이 이 책의 취지라면, 요코하마 사진들은 그러한 취지를 선명하게 보여 주는 실례이다. 러시아 제국 외교관 배버가 일본에 재직했던 무렵의 사진들로 추정된다. 당시 사진 엽서는 기념품으로 인기를 끌어 대량 생산되었다. 유럽으로 수출 후 시판된 사진 엽서들은 동양에 대한 고정관념이 확산되는 데 일조했다. 환상적으로 연출된 작위적인 사진들은 사진사의 솜씨를 대변한다. 유명한 요코하마 사진사 펠리체 베아토 사진관에서 촬영한 인물 사진은 특히 귀중한 자료이다. 유제니 폰 배버의 친오빠 사진을 보자(3.1장 사진 참조). 상업적인 요코하마 사진을 창안한 베아토의 사진술을 여실하게 보여 준다.

베네치아에서 태어난 펠리체 베아토는 영국의 사진사이다. 일본 개항 직후 1863년에 종군기자로 요코하마에 온 그는 동아시아에서 사진술의 산업화 및 상업화에 기여한 현대 저널리스트 중 한 사람이다. 베아토는 요코하마의 외국인 거주지에 정착해서 영국 특파원으로 활동한 일러스트레이터 찰스 워그먼Charles Wirgman, 1832-1891과 함께 사진관을 열었다. 베아토와 워그먼, 두 사진사는 영국에 보낼 보도 사진만 찍은 것이 아니라 다른 대상들도 사진에 담았다.

일본 개항 후에 인상주의가 인기였다. 이와 더불어 이른바 '일본풍'이 유럽에서 유행했다. 베아토와 워그먼은 바로 이 점에 착안했다. 도달할 수 없는 '이국적 타자'에 대한 동경을 자극하는 수단으로 일본풍의 사진을 이용했다. 요코하마 사진 엽서는 당대의 취향에 적중했다. 사진에 담은 작위적 인상들이 쇠락한 에도 시대 일본 전통 사회에 대한 클리셰를 보여 준다. 이 시기에 동아시아에 대한 고정관념이 형성되었고 유감스럽게도 지금까지 '극동'에 대한 고정된 환상으로 자리 잡았다. 특별히 유럽 시장을 겨냥해 제작한 '요코하마 사진'은 대단한 인기 상품이었다. 베아토는 요코하마 사진으로 경제적 성공을 거머쥐었다. 요코하마 사진은 심지어 무역 보고서에도 기재되었다. 당대의 수요가 얼마나 큰 규모였는지 증빙하는 자료이다. 1873년에 약 7,000장이 수출되었고 15년 후에는 33,000장이 넘었다. 일본 요코하마 현지뿐 아니라 외국에서도 요코하마 사진 엽서를 구매할 수 있었다.

베아토는 일본인 동료들과 함께 일본에 대한 환상을 사진에 담았다. 현실과 동떨어진 환상은 서양 시장을 겨냥한 것이다. 펠리체 베아토 본인도 판매 카탈로그에서 "연극 의상" 사진이라고 표현한다. 작위적 장면의 연극적 요소를 강조했던 것이다. 베아토 사진관의 유럽풍 장식 앞에서 단역 배우들이 소위 전통복식이라는 의상을 입고 포즈를 취하며 게이샤, 기모노 여인, 사무라이, 스모 선수, 농부의 모습을 연출했다. 이 책에 수록된 요코하마 사진들은 당대에 널리 유행한 일본풍으로 연출된 사진의 전형으로 현실과 동떨어진 사진들이다. 심지어 풍경과 사찰까지 핸드페인팅으로 채색한 사진들도 있다.

요코하마 사진에는 핸드페인팅 기술이 활용되었다. 19세기 중반부터 유럽 시민 가정에서 일본의 천연색 목판화가 인기였던 점을 솜씨 좋게 이용한 것이다. 사진이 발명되고 사진술이 목판화의 경쟁 매체가 되면서 직업을 잃은 일본 예술가들을 사진 페인팅 작업에 고용했다. 섬세하게 채색한 사진들은 히로시게Hiroshige, 1797-1858나 호쿠사이Hokusai, 1760-1849와 같은 대형 예술가들을 떠올리게 한다. 엽서 크기의 사진들은 어느 정도 표준화된 여행 루트를 담고 있다. 후지산, 미야지마의 목조문, 니코 사찰, 가마쿠라 불상 등이 빼놓을 수 없는 '기념 사진'으로 꼽힌다.

유럽에서 요코하마 사진은 허구의 일본 전통을 보여 주는 패러다임이 되었다. 요코하마 사진은 서양에서 암시적으로 기대하는 일종의 혼종문화로 등장한다. 동아시아와 관련된 이러한 기대는 오늘날까지도 잔존한다. 서양에서 일본풍 혹은 동아시아풍이라고 믿었던 허상이 동아시아의 '진실'을 잠식했다. 오스카 와일드가 『거짓의 쇠락』에서 예술가 호쿠사이의 목판화에 대해 썼던 것처럼 요코하마 사진은 '일본이 만들어 낸 허구의 산물'이다. 동서양을 오가며 남긴 카를 폰 배버의 유품 사진 가운데는 요코하마 사진도 들어 있다.

배버의 일대기를 담은 사진들을 이 책에 수록하고 해설하여 당대의 현실적인 맥락 안에서 파악하고자 했다. 그의 공직 생활과 개인 생활을 보여 주는 사진들을 분류하여 배버, 마크, 손탁 가족의 생애와 관련된 각종 원본 증빙자료에 기반해서 해설했다. 각 인물들이 다양한 언어권을 오가며 여러 나라에서 살았기 때문에 원본 기록에 근거해서 역사적인 분석을 시도하는 작업이 반드시 필요하다.

배버 유품 사진에 남은 요코하마 사진(H. 우에노 나가사키 사진관)

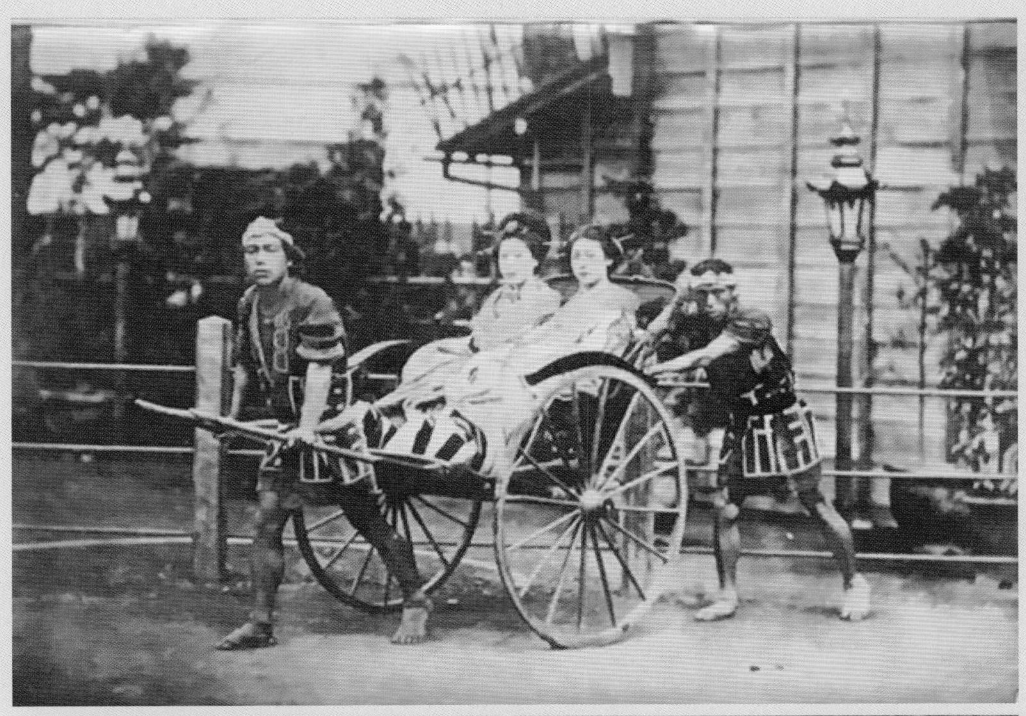

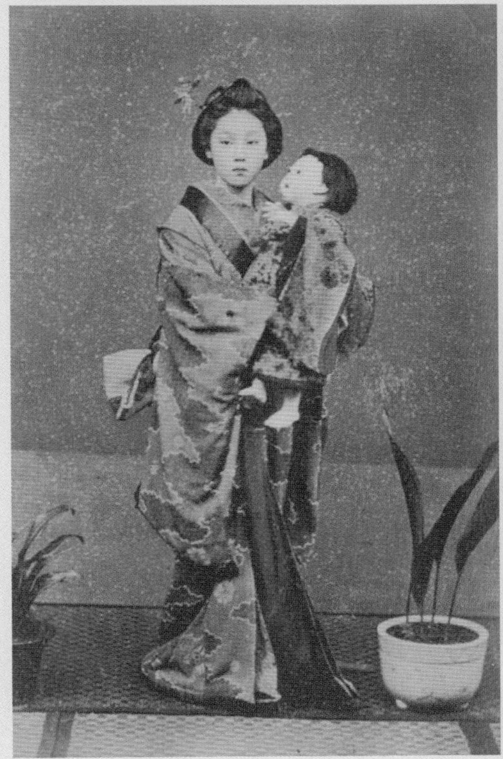

오른쪽 위: H. 우에노 나가사키 사진관에서 촬영.

천 리 길도 한 걸음부터. −노자

2.1.
특별한 가족사: 라트비아, 에스토니아, 러시아, 알자스, 독일에서 보낸 시절

배버 부부의 문화적 고향은 현재의 라트비아, 에스토니아 영토에 해당하는 지역이다. 당시에 이 지역은 스웨덴 강점기를 거쳐 러시아 제국에 합병되었다. 예카테리나 2세1729-1796 집권 후에 라트비아, 에스토니아에서 내정의 자유를 보장했다. 외교적으로 러시아 국익을 위한 정책이었다. 다민족(라트비아인, 에스토니아인, 러시아인, 발트독일인)의 융합을 위해 무역과 경제를 장려했다. 발트제국으로 이주한 독일소수민(발트독일인)들은 공고한 독−러 관계 속에서 러시아 제국과 대체로 마찰 없이 생활했다. 발트독일인들은 20세기까지 쿠를란트(리바우 주변 지역), 리보니아, 에스토니아, 외젤섬Ösel Saaremaa에서 귀족과 시민계층의 일부를 형성했다. 1721년 표트르 대제가 대북방전쟁에서 승리하고 1795년 폴란드가 분할 점령된 이후 이 지역은 러시아에 복속되었다. 그래서 배버는 유년기부터 일상에서 여러 언어를 사용했고 다른 민족과 이국 문화에 접하는 경험에 익숙했다. 배버 가문 선조들의 활동은 정착지의 경계 안에 국한

되지 않았다. 그들은 목사, 교사, 계몽주의자로서 라트비아와 에스토니아 민족의 교육에 힘썼다. 배버 본가와 처가의 선조들은 독일어와 러시아어는 물론 라트비아어와 에스토니아어에 능통했다. 저명한 신학자 요한 에른스트 글뤽Johann Ernst Glück, 1654-1705[배버 처가 쪽 조상(마크-요르단 항렬)]의 업적을 기억하자. 글뤽은 성서를 라트비아어로 번역했다. 향토 연구에 많은 업적을 남긴 카를 고틀립 슈미트Carl Gottlieb Schmidt, 1794-1874 교구장은 카를 폰 배버의 고모부이다. 수 세기가 넘는 세월 동안 이 지역 사람들의 삶에 각인된 다문화성, 다민족성의 원체험이 배버의 유년기에 일상적 현실이었다. 다문화 체험은 동아시아에서 배버의 외교관 활동에까지 영향을 미쳤다.

마리 앙투아네트 손탁은 유제니 폰 배버(친정 성은 마크)와 사돈지간이다. 마리 앙투아네트는 오뷔르Aubure에서 초등학교 교사의 장녀로 태어났다. 오뷔르의 독일어 명칭은 알트바이어Altweier로 알자스 지방의 작은 휴양지이자 현재 프랑스 영토이다. 알자스주는 대한민국 경상북도와 자매결연한 지역이기도 하다. 알자스는 몇 세기에 결쳐 독일과 프랑스의 분쟁지역이었다. 루이 14세가 알자스 지방을 프랑스 영토로 합병시켰다. 1850년과 1950년 사이에 영토분쟁을 겪으며 알자스는 네 차례나 정치적 소속이 바뀌었고 그에 따라 손탁의 국적도 프랑스와 독일로 계속 바뀌었다. 문화적으로 볼 때 이 지역은 870년 이후부터 독일어권과 긴밀한 관계를 가졌고 알자스 독일어가 계승되었다. 손탁은 알자스 독일어를 구사했다. 이 지역 주민들은 정체성을 표현하기 위해 알자스 독일어 또는 표준독일어를 사용했다. 알자스 지방의 독일 문학 대표작가 가운데는 오늘날까지도 유명한 르네 시켈레René Schickele, 1883-1940, 한스 아르프Hans Arp, 1886-1966가 있다. 화가, 그래피커로도 활동했던 시인 아르프는 1966년 스위스 바젤에서 별세했다.

손탁 가족사는 양차 세계 대전 이후부터 유럽에 더 이상 현존하지 않는 문화와 언어권으로 거슬러 올라간다. 지금까지 알자스 지방 문제가 다른 분쟁 지역과 비교해서 상대적으로 잊혀진 이유는 무엇일까. 냉전시대에 유럽이 동서 양 진영으로 정치적 블록화되는 과정에서 일어난 다양한 정치적 상황과 연관이 있다. 당시 프랑스는 서독의 정치적 파트너였다. 서독은 프랑스와의 관계가 냉각되는 것을 원치 않았기 때문에 1949년 이후에 알자스 지방에서 독일어 공용 사용을 배제하는 정책을 용인했다. 독·불어를 공용한 알자스 지방의 르네 시켈레 협회René-Schickele-Kreis(1968년 창립)와 독·불 양 국어 학교 교육을 추진한 여러 학부모회가 반대했지만 독일어 배제 정책을 막지 못했다. 신문은 독·불 양 국어 출간을 중단했다. 프랑스에서 사르코지 대통령(2007-2012 재임) 집권 이후부터 알자스 지방은 투표용지를 더 이상 독·불 양 국어로 인쇄하지 않는다. 프랑스의 국토 개편에 따라 알자스는 2016년부터 그랑데스트Grand Est라는 거대권역으로 편입되었다. 이렇게 해서 알자스는 지역적 독자성과 전통문화를 잃었다.

배버와 마크 가문의 조상은 발트독일인이다. 이들의 기원을 살펴보면 현재 에스토니아, 라트비아 지역에 정착한 독일 소수민이다. 독일인들은 12세기부터 발트연안국으로 이주해 이 지역 문화와 전통에 지대한 영향을 미쳤다. 발트독일인이 세운 도시로 리가Riga 레발Reval(Tallin), 아렌스부르크Arensburg(Kuressaare), 리바우Libau(Lipaja) 등이 있다. 이 도시들은 한자동맹에 속했다. 훌륭한 솜씨를 가진 수공업자들(시계장인, 도서제본사, 안경상, 금은세공사 등), 상인, 학자, 귀족들이 발트독일인 상류층을 형성했다. 16세기 종교개혁 이후에는 전통과 문화에 관심을 기울인 기독교 목사들도 이 계층에 속한다. 배버의 고모부인 에드발렌Edwahlen(Edole) 교구장 카를 고틀립 슈미트1794-1874도 그중 한 사람이다. 슈미트는 향토연구가로도 이름을 알렸다.

발트독일인은 라트비아, 에스토니아 사람들을 이방인으로 여기지 않았다. 발트제국의 독일인 교양 계층은 1861년 러시아에서 농노제가 폐지되기 이전에 이미 발트제국에서 농노 해방을 위해 적극적으로 나섰다. 글뤽Johann Ernst Glück, 1654-1705 목사는 루터 성서를 라트비아어로 번역해 라트비아 문자 발전의 초석을 놓았다. 도르팟Dorpat (Tartu)에는 독일어로 연구하고 강의하는 대학이 있었다. 이 대학은 이 지역 교육과 문화에 지대한 영향을 미쳤다. 질풍노도 문학 사조의 시인 프리드리히 막시밀리안 클링어Friedrich Maximilian Klinger, 1752-1832가 1803년부터 도르팟 대학교 및 교육기관 감독관으로 재직한 사실은 오늘날까지 거의 알려지지 않았다.

발트제국에서 발트독일인 인구 비율은 10퍼센트가 채 되지 않았다. 하지만 스웨덴 강점기, 러시아 강점기를 거쳐 제1차 세계대전 종전까지 장관, 외교관, 장군과 학자, 예술가들을 다수 배출했다. 발트독일인들은 대부분 갈등 없이 정착했다. 예카테리나 2세1729-1796 시대 이후로 독-러 관계가 공고했기 때문이다. 대표적인 인물들로는 연구여행가 페르디난트 브랑엘Ferdinand Wrangel, 1797-1879, 리햐르트 오토 칼로비치 마크 Richard Otto Karlowitch Maack, 1825-1886, 티벳 전문가로 알려진 언어학자 프란츠 안톤 폰 시프너Franz Anton von Schiefner, 1817-1879 등이 있다. 러시아 함대 지휘관 아담 요한 폰 크루젠슈테른Adam Johann von Krusenstern, 1770-1846 제독은 러시아 최초로 세계 일주 항해를 했다. 오스텐 자켄Osten-Sacken 왕조 출신의 외교관, 군인장성, 정치가들이 다수 활동했다. 블라디미르 그라프 람스도르프Wladimir Graf Lambsdorff, 1845-1907는 러시아 제국 외무상으로 임명되기도 했다.

발트독일인이 성공한 이유는 무엇일까. 각 지역에 정착해서 러시아 제국의 국익에 부합하는 방향으로 융화되었기 때문이다. 작가 에두아르트 폰 카이절링Eduard von Keyserling, 1855-1918, 프리드리히 막시밀리안 클링어Friedrich Maximilian Klinger, 1752-1832, 야콥 미하엘 라인홀트 렌츠Jakob Michael Reinhold Lenz, 1751-1792, 철학자 헤르만 폰 카이절링Hermann von Keyserling, 1880-1946을 비롯한 독일계 주요 인물들이 이 지역 출신이다. 그리고 정계와 사회 각 분야에서 유명한 가문들(예컨대, 폰 쾨겔겐von Kögelgen, 폰 만토이펠von Manteufel, 폰 빌퍼트von Wilpert, 폰 웅어른 슈테른베르거von Ungern-Sternberg, 폰 운터

베르거von Unterberger)도 이 지역의 정신적 전통을 계승했다. 이 전통은 다민족 국가 러시아에 정치적 뿌리를 두고 있다.

발트독일인들이 단순히 소수민족 공동체에 불과하지 않다는 점에 주목해야 한다. 발트독일인들은 다른 독어권 국가들과 긴밀한 관계를 유지하면서 700년 넘게 독자적 역사와 전통을 축적할 수 있었다. 카를 폰 배버가 태어난 리바우Libau는 리가Riga와 쾨니히스베르크Königsberg(Kaliningrad) 사이, 쿠를란트 동해안에 위치한다. 전략적 요충지였다. 이곳으로 이미 13세기에 독일인들이 이주했고 이 도시의 항구를 통해 무역이 활발해졌다. 배버 가족은 17세기 이후 이 지역(리바우Libau, 에드발렌Edwahlen)에 정착한 것이 증명되었다. 북독과 동프로이센, 작센과 튀링엔에서 많은 이주민이 유입되었다. 예카테리나 2세는 알자스 지방을 통해 이 도시들이 상당 부분 독자적인 내정 관할권을 갖도록 하였고 1871–1873년에 리바우는 러시아 제국 철도와 연결되어 수월하게 경제적 부흥을 이룩할 수 있었다.

후일 배버의 부인이 되는 유제니가 1850년에 아렌스부르크에서 태어났다. 아렌스부르크 시장과 평의원을 겸직한 카를 고틀립 마크Karl Gottlieb Maack, 1792-1869 슬하의 열두 남매 중 막내딸이었다. 이곳은 오늘날 에스토니아에 속하는 외젤섬Ösel Saaremaa의 유일한 도시다. 아렌스부르크도 13세기 이후 독일인들이 건설한 도시로 발트독일인의 오랜 역사가 펼쳐진 곳이다. 덴마크와 스웨덴 점령기를 거친 이 지역은 대북방전쟁 후에 니스타드Nystad 평화협정1721으로 러시아에 귀속되었다. 도르팟Dorpat 대학교의 이사를 역임한 게오르크 폰 브라트케Georg von Bradke, 1796-1862를 비롯한 발트독일 위인들이 이 지역의 자랑스런 후손이다. 조형예술가 오이겐 뒤커Eugen Dücker, 1841-1916와 하인리히 오스발트 폰 자스Heinrich Oswald von Sass, 1856-1913는 이 도시에서 태어났다. 유명한 시베리아 전문가 리햐르트 오토 칼로비치 마크Richard Otto Karlowitch Maack, 1825-1886는 아렌스부르크 태생으로 유제니 폰 배버(친정 성은 마크)의 친오빠

이다.

오늘날 라트비아와 에스토니아를 여행하면 아직도 발트독일인의 옛 자취를 발견할 수 있다. 묘비와 묘비명이 남아 있고 공공건물과 영주의 저택에 새겨진 각명들을 볼 수 있다. 서로 다른 정치적인 이유로 두 체제 안에서 금기시되었던 발트독일인의 업적을 보여 주는 소리 없는 증거들이다. 하지만 라트비아 역사학자들(2018년에 라이몬즈 세루지스Raimonds Ceruzis, 일그바르 미산Ilgavars Misans/1992년에 막심 두하노프Maksim Duhanov, 칼리스 닥스트Karlis Dauksts)은 리가에서 출판된 『라트비아 역사에 남은 독일적 요소』에서 편견 없이 객관적으로 이 주제를 다루면서 700년 넘는 이 지역 발트독일인의 문화, 교육, 경제에 남긴 업적의 의미를 알렸다. 독일이 도발한 제1차 세계대전의 결과로 라트비아와 에스토니아가 독립 국가 선언을 했다는 점에 주목할 필요가 있다. 발트연안국에서는 독립 선언 후에 민족주의적 편향성을 가진 정치선전에서 발트독일인을 '착취자'로 일괄 매도했다. 그리하여 1919년 10월 10일 에스토니아에서는 발트독일인의 재산을 시장 가치의 3퍼센트로 강등하는 법령을 시행했다. 1920년 9월 16일 라트비아의 헌법에 의거해 발트독일인의 사유지를 국유화하여 라트비아 농민들에게 분배하였다. 이러한 조처로 발트독일인이 대거 라트비아에서 출국해 타국으로 이주하였으며 이 지역에 정착했던 배버 가족과 마크 가족도 프랑스와 독일로 이주하게 되었다.

지난 몇 년간 발트연안국에서 출간된 새로운 연구들은 이러한 객관적 시각을 반영한다. 앞서 언급한 정치적 결정으로 인해 에스토니아, 라트비아에서 전개된 발트독일인의 역사는 700년 만에 막을 내렸다.

관련 링크와 일러스트레이션

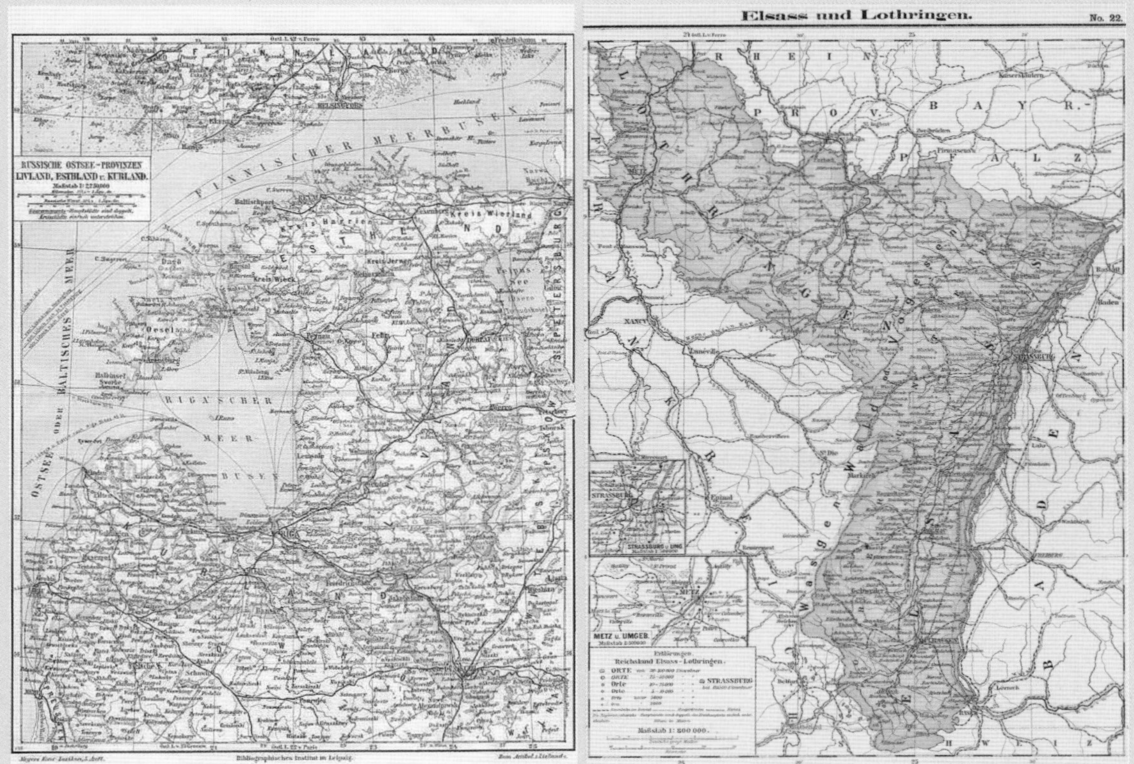

왼쪽 위: 발트제국과 주변국의 현재 지도(https://www.goruma.de/laender/europa/lettland/landkarte-geografie).
아래 왼쪽: 1897년 발트제국 지도(https://upload.wikimedia.org/wikipedia/commons/8/8c/Meyerbaltikum.jpg).
아래 오른쪽: 1905년 알자스-로트링엔 지역 지도(https://de.wikipedia.org/wiki/Datei:Karte_Elsass-Lothringens_1905.jpg).

모든 물에는 원천이 있고 모든 나무에는 뿌리가 있다. –중국 속담

2.2.
출생, 교육과정, 결혼: 발트해, 상트페테르부르크, 베이징

직접 확인한 유품과 사진 자료에 근거해 배버, 마크, 손탁 가문의 역사를 명확히 기록할 수 있게 되어 다행이다. 나는 독·러 양 국어로 발급된 증명서 분석 작업에 몰두했다. 그 증명서에 유제니 폰 배버의 부모와 형제자매 이름과 관련된 상세 정보가 기록되어 있다. 발트독일인 카를 고틀립 마크Carl Gottlieb Maack, 1792-1869와 부인 율리 카롤리네 엘리자베트Julie Caroline Elisabeth(친정 성은 요르단Jordan, 1805-1883)가 유제니의 부모이다. 유제니 모친의 이름 율리는 독일에서 율리아Julia에 해당하는 이름이다. 마크 부부는 슬하에 자녀 12명을 두었다. 부친 카를 고틀립 마크는 아렌스부르크 시장과 참의원을 겸직했다. 어느 정도 부를 누리면서 시장으로서 사회적 존경을 받았고 교육에 가치를 두었다. 이 책에 수록된 필사본 가계도가 보여 주듯이 마크 가문의 뿌리는 1692년까지 거슬러 올라간다. 이에 대해서는 앞으로 부연 설명을 할 것이다.

이제 배버 가문의 가계도를 보자. 배버 가문의 원조는 요한 크리스티안 배버 1세Johann Christian Waeber이다. 요한 크리스티안 배버 1세는 17세기에 마르크 브란덴부르크에서부터 쿠를란트(리바우 인근을 가리키는 명칭)로 이주하여 바이츠모덴Waizmoden 영지에 정착했다. 당시에 그의 아들 프리드리히 배버Friedrich Waeber, 1686-1769가 에드발렌의 토지 관리자로 활동했다고 명시되어 있다. 카를 폰 배버의 직계 조상들은 에드발렌에서 기독교 목사와 상인으로 활동했고 가문의 기타 구성원들은 정착지에서 상인이나 약사로 일했다. 프리드리히 배버의 아들 요한 크리스티안 배버 2세1736-1812와 배버의 조부 요한 하인리히 배버 1세Johann Heinrich Waeber, 1763-1824 때부터 그랬다. 배버의 부친 요한 하인리히 배버 2세Johann Heinrich Waeber II, 1800-1858도 신학을 전공하고 모스크바에서 교사로 일했고 후에 리바우에 있는 고아원 교사가 되었다. 형편이 열악한 사회적 약자를 위해 봉사하고 후원하는 삶은 배버 가문의 전통이었다. 배버의 부친 요한 하인리히 배버 2세1800-1858와 부인 도로테아 샬로테Dorothea Charlotte, 1806-1880는 슬하에 오 남매를 두었다. 루돌프Rudolf, 1834, 율리Julie, 1836, 엘리자베트Elisabeth, 1838, 카를Carl, 1841, 요한네스Johannes, 1843이다. 카를 폰 배버의 부친이 일찍 작고한 후 배버 가족은 생계가 막연했다. 모스크바에서 가정교사로 일하던 어려운 형편에서도 숙부 카를 헤르만 프리드리히 배버Carl Hermann Friedrich(Fritz) Waeber, 1807-1881는 수재인 조카 카를에게 경제적 지원을 했고 고모부는 카를이 후일 외교관의 길을 선택하는 데 영향을 미쳤다. 이다 율리아네Ida Juliane, 1804-1874 고모가 유명한 발트독일인 향토연구가 카를 고틀립 슈미트Carl Gottlieb Schmidt, 1794-1874 교구장의 부인이었다. 카를 배버는 어린 시절부터 노력했다. 근면 성실을 지향하는 기독교적 교육방식과 사회적 신분상승을 위해 학력을 갖추어야 한다는 일념이 어린 카를에게 동기 부여가 되었다.

카를 폰 배버는 1841년 6월 17일에 리바우에서 루터교를 신봉하는 발트독일인 가족의 차남으로 태어났다. 당시 리바우는 러시아 영토로 복속된 지역이었다. 주목해야 할 것은 1523년에 이미 독일소수민 교회가 리가Riga에 창설되었다는 점과 독일인들이 발트제국으로 이주하는 것을 권장하는 사회적 분위기가 있었다는 점이다. 에드발렌에 1647년에 창립된 루터교회는 문화사적으로 중요하다. 오늘날 라트비아에서 가장 오래된 파이프오르간 중 한 대가 이 교회에 있다. 이 교회는 발트제국에 정착한 독일 기독교인의 오랜 역사를 증명한다. 이뿐만 아니라 카를 폰 배버의 선조들이 이 교회의 목사로 재직했기 때문에 배버 가족사와 밀접한 관계가 있다. 교회 부속 도서관을 보존한 것도 배버의 고모부 카를 고틀립 슈미트의 업적이다. 이 지역 독일계 위인들의 역사가 잊혀지지 않고 세상에 알려진 것은 무엇보다 동유럽역사연구가 에릭 암부르거Erik Amburger, 1907-2001의 연구성과 덕분이라는 점을 밝혀 둔다(http://dokumente.ios-regensburg.de/amburger/tabellen/A.htm).

이 장 말미에 수록한 사진들을 보자. 카를 폰 배버의 생애와 발전 과정을 함께 지켜본 배버 가족 구성원들 사진이다. 배버 부친의 인물 사진 뒷면을 보면 교육기관장이라는 메모가 있다. 사회적 지위를 보여 주는 힌트이다.

1878년에 촬영한 카를 배버의 연로한 모친의 사진과 누나 율리Julie의 어린 시절 사진을 보자. 당시 유럽의 여성상을 보여 주는 자세와 복장이다. 평생 미혼이었던 율리는 노년에도 배버 가족 가까이에 살았다. 카를 배버의 숙모 사진을 보자. 당시 교양 시민 계층의 결혼 풍속도와도 일치한다. 사진 메모에 숙모가 호아이젤Hoheisel 가문 태생이라는 기록이 있다. 호아이젤 가문은 발트독일인 가문이다. 이 지역에서 교사와 교장을 여러 명 배출했다. 숙부 카를 헤르만 프리드리히 배버Carl Hermann Friedrich(Fritz) Waeber의 사진을 보자. 장식적으로 그려진 풍경 앞에서 어린 카를Carl과 오토Otto와 함께한 사진은 자긍심에 찬 시민의 모습을 보여 준다. 이 소년들은 정직하고 열린 태도로 카메라를 응시한다. 이 사진이 카를 폰 배버의 유일한 유년기 사진이다.

배버의 고모부 카를 고틀립 슈미트 교구장은 배버 가족의 지주와 같은 존재였다. 골딩엔Goldingen(Kuldiga) 출신 사진사 율리우스 게사우Julius Gessau가 완성한 슈미트 교구장의 사진을 보자. 고위 성직자 예복 위로 손을 포개고 십자가를 건 모습이다. 교회의 명예로운 대표자의 모습으로 연출한 사진이다. 이 사진에는 인물 화가 이력을 가진 사진사 게사우의 솜씨가 뚜렷하게 드러나고 동아시아 포토그래피에 나타나는 당대의 취향도 보여 준다.

배버는 상류층 태생이 아니다. 부친을 일찍 여의고 경제적 형편이 어려워졌다. 오남매 중 넷째인 카를이 자신의 미래를 개척해 나가기 위해서는 학업에서 우수한 성적을 받아 인정받아야 했다. 암부르거의 연구를 참조해 보자. 배버는 모스크바에서 학교를 다녔다. 그 후 1856년에 리바우에서 김나지움을 다녔다. 청년이 된 배버는 1860년에 저명한 상트페테르부르크 대학교 동아시아어학과에 진학했다. 당대 러시아의 저명한 전문가들과 백과사전파 학자들 문하에서 역사, 종교, 언어, 정치와 지역지리학을 수학했다. 배버는 처음에 몽골어-서몽골어과에 등록했다. 1862년 2월에 대학 총장실에 중국어-만주어학과로 전과 신청서를 제출했고 1862년 4월에 중국어-만주어학과의 두 번째 강좌 수료 시험에서 좋은 성적을 받았다. 중국어-만주어학과로 전과하게 된 배경은 무엇일까. 당시에 저명한 중국학자였던 바실리예프W.P. Wassiljew, 1818-1900 교수를 열정적으로 존경했기 때문일 것이다. 바실리예프 교수는 탁월한 학자이자 뛰어난 교육자로서 배버에게 지대한 영향을 미쳤다. 당시 중국어-만주어학과의 복잡한 학사과정의 수준은 이례적으로 높았다.

1855년에 이미 카잔Kasan 대학교 동양학과가 상트페테르부르크로 이관되었다. 이렇게 해서 동양에 대한 러시아제국의 정치적 관심을 좀 더 결집하고 전문인력을 양성하고자 했다. 무엇보다도 바실리예프 교수 주관으로 동양학과에 중국어와 만주어 교수직이 신설되었다. 강사 이스마일 아부-카리모프Ismail Abu-Karimow가 1865년 작고할 때까지 바실리예프 교수와 긴밀하게 협업했다. 학부 과정 우등 졸업을 위해 요구되는 수준은 매우 높았다. 1862년부터 1865년 사이에 배버를 포함해 11명만 1862년과 1865년 필수 시험에 합격했다. 바실리예프 교수 문하에서 배버는 방대한 양의 어학 수업 외에도 중국과 만주의 역사학, 지리학, 문학 강의를 수강했다. 1863-1865년 커리큘럼에는 번역, 중국 역사, 유교 역사 등이 포함되었다. 학생들은 전공어로 2개 언어를 선택해야만 했고 제3전공어는 재량껏 선택할 수 있었다.

바실리예프는 다양한 재능을 가진 비범한 지식인이었다. 대학 측이 제시한 수준 높은 요구사항을 학생들을 위해 거의 혼자 힘으로 해결했다. 티베트어, 산스크리트어, 중국어, 만주어, 몽골어가 교과과정에 포함되었다. 그 밖에도 문학, 역사, 지리학, 종교학, 예술, 중국의 과거와 현재, 티베트, 만주, 몽골의 무역과 산업에 관한 강의가 개설되었다.

카를 폰 배버는 경건하고 총명하며 목표의식이 뚜렷한 노력파 학생이었다. 상트페테르부르크 대학의 수준 높은 동양어과가 배출한 소수의 우등 졸업생 중 한 명이었다. 배버는 1865년 러시아 외무성 아시아 담당 외교관으로 채용되었다. 대학 시절 근근히 생계를 꾸렸던 리바우 출신 청년에게는 대단한 신분상승이었다. 1865년 배버는 우수한 성적으로 국가고시에 합격하고 중국어-만주어과를 졸업했다.

실력 있는 학자였던 바실리예프 교수, 언어 수업 담당 강사 이스마일 아부-카리모프, 몽골어-서몽골어과 학과장으로 재직했던 동양학자 콘스탄틴 골춘스키Konstantin F. Golstunsky, 1831-1899 교수진 세 사람과 젊은 대학생 배버가 함께 촬영한 사진은 희귀한 자료이고 소중한 역사적 기록이다. 배버가 대학을 졸업한 1865년에 학생들이 교수진과 함께 촬영한 것으로 추정되는 기념사진을 보자. 존경하는 은사들은 테이블에 앉은 자세이다. 졸업생 마라코프Marakow, 배버Waeber, 로이친Leutzin과 페레친Peretschin이 자랑스럽고 여유로운 자세로 카메라를 응시한다. 사진 속 남성들 모두 예복을 입었다. 이 순간의 의미를 인식하고 있는 듯하다.

배버는 1866년에 러시아 외교사절단 일원으로 베이징으로 파견되어 신임 외교관으로서 경험을 쌓는다. 베이징의 옛 러시아 영사관을 촬영한 유품 속 사진은 1891-1897년 사이에 촬영했을 것이다. 사진 속의 아르투어 파블로비치 카시니 백작Arthur Pawlowitsch Graf Cassini, 1835-1919이 해당 시기에 베이징 주재 러시아 총영사로 재임했기 때문에 촬영 시점을 짐작할 수 있다. 카시니는 이탈리아 귀족 가문 태생으로 55년간 러시아 제국의 외교관으로 활동했다. 목표를 세우면 반드시 달성하는 인물이었다. 카시니가 재임하는 동안 뤼순항 임대에 관한 협정이 체결되었다. 그는 함부르크와 드레스덴에 근무한 경험도 있어서 독일어도 잘했고 배버와도 친분이 있었다. 1890년대에 배버는 베이징에서 몇 달간 카시니의 직무대리로 근무했다. 카시니의 베이징 재임 기간은 서구 열강들이 '중원의 제국'에서 심한 경쟁을 하던 시기였다. 카시니는 요동 반도가 러시아에게 얼마나 큰 전략적 의미를 갖는지를 일찍 알아차렸다. 카시니는 러시아가 부동항 뤼순항과 요동 반도의 다롄만을 장기간 임대하고 이 지역에 러시아 철도를 연결하는 데 지대한 역할을 했다. 청국 내에서 서구 열강 간의 경쟁 시대는 러일전쟁1904-1905이 발발하면서 끝났다.

배버는 전문가로서 다방면에서 학문적 역량을 갖추었다고 알려졌다. 그는 언어, 문화, 역사, 지역 지리학에 관심이 깊었다. 다방면에 대한 관심이 외교관 배버의 정치 감각에 영향을 주었다. 현지에서 배버는 외교관 블랑갈리A.G. Wlangali, 1823-1908를 알게 되었다. 블랑갈리는 인정받는 지질학자였고 연구여행가이기도 했다. 배버는 그를 높이 평가했다. 배버는 외교 활동과 학문적 작업을 계속 병행했고 이 시기에 지도제작학에 몰두하기 시작했다. 튀링엔 지방의 고타 출신 지리학자 헤르만 라우텐자흐Hermann Lautensach, 1886-1971보다 앞서서 배버는 한양 재임 시절에 최초의 한국 지명 목록을 만들었다.

1891-1892년 휴가 중에 배버는 러시아제국 지리학회의 지도제작위원 자격으로 중국 북동부의 상세 지도를 제작했다. 이는 지금까지 거의 알려지지 않은 사실이다. 배

버는 대학 시절부터 항상 지리학에 열정이 있었다. 퇴임 후에야 출판된 저작물들이 배버의 열정을 대변한다.

1871년에 배버는 일본 하코다테의 러시아 영사관 부총영사로 부임했다. 1872년 4월 18일 휴가 기간에 그는 1850년생 예니 알리데 마크(현지어 이름은 유제니 엘라 알비나 알마 마크이다)Jenny(Eugenie) Alide(Ella Alwina Alma) Maack와 상트페테르부르크에서 결혼했다.

유제니는 카를 고틀립 마크Karl Gottlieb Maack, 1792-1869의 아렌스부르크 시장과 부인 율리 카롤리네 엘리자베트Julie Caroline Elisabeth(친정 성은 요르단Jordan, 1805-1883)의 막내딸로 외젤섬 카리델Karridel에서 태어났다. 유제니는 당대의 기준으로 보면 매우 교양 있는 처녀였다. 유품으로 남은 두 장의 사진을 보자. 아직 소녀티를 벗지 못한 아름다운 처녀의 모습이다. 그녀는 독일어, 러시아어, 영어를 유창하게 구사했다. 마크 가문은 발트독일계 기독교 가문으로서 대단히 교양 있는 가문이었다. 카를 회플링어 Carl Höflinger 스튜디오에서 전문 사진사가 완성한 카를 고틀립 마크의 인물 사진을 보자. 아렌스부르크 시장과 참의관을 겸직한 관료답게 점잖은 중년 신사의 모습이다.

1885년 5월 15일, 예복을 입고 촬영한 숙부 에두아르트 요르단의 사진도 유제니 부친의 사진과 비슷한 분위기를 전한다. 숙부는 이 사진을 조카딸 유제니에게 헌정했다.

관공서에 등록된 출생증명서를 참조해 보자. 카를 고틀립 마크와 율리 카롤리네 엘리자베트 슬하에서 12명의 자녀가 태어났다.

1825년에 출생한 아들 리햐르트 오토 칼로비치 마크1825-1886는 오늘날까지도 잘 알려진 시베리아 연구가 중 한 사람이다. 야쿠티아로 탐험 여행을 떠나 현지에서 산악지형학과 지질학을 연구했다. 1855-1856년에 러시아 지리학회 시베리아 분과가 리햐르트 마크를 아무르 강가로 파견해 연구 여행을 했고 1859-1860년 우수리Ussuri 지역 탐사 후에 이 지역 동식물에 관해 다수의 저작을 남겼다. 그의 학문적 업적은 러시아에서 잊혀지지 않았다. 『러시아 대백과사전(3판)』1969-1978은 리햐르트 마크 관련 항목을 수록해서 그의 학문적 업적에 대해 사후에 경의를 표했다. 산벚나무(아무르-체리)와 같은 식물들이 식물학자 리햐르트 마크를 떠올리게 한다.

제임스 에두아르트 마크James Eduard Maack(1827년생)는 의학을 전공했다(의과 대학 재학 시절 사진을 참조하자). 그는 오스텐 자켄Osten Sacken 가족의 발트독일계 명문가 여식과 혼인했다. 신부 알베르틴 테오도르 오스텐 자켄 남작부인Albertine theodor Baroness von der Osten Sacken과 함께 당대 양식의 장식화 앞에 선 젊은 의사의 사진이 유품에 남아 있다. 1846년에 출생한 알렉산더 테오도르 아놀트Alexander Theodor Arnold는 상트페테르부르크에서 교수로 임용되었고 마리 파울리네 손탁Marie Pauline Son(n)tag, 1842-1937과 결혼했다. 마리 파울리네는 잘 알려진 마리 앙투아네트 손탁Marie Antoinette Son(n)tag, 1838-1922의 여동생이다. 알자스 태생으로 독일어가 모국어였던 손탁 자매는 이렇게 해서 발트독일인 마크 가문과 혼맥을 맺는다. 열린 마음과 용기, 교양을 통해서 두 집안 간의 지역 차와 신분 차이를 극복했다.

미혼의 서양 여성 마리 앙투아네트 손탁은 1900년을 전후해 조선 황실에서 이례적으로 신분 상승을 했다. 강한 의지, 성찰과 실천력, 문화적 적응력을 갖춘 그녀가 경제·정치·개인적 문제에서 영리하게 대처했기 때문이다. 손탁에게 태생적으로 이런 삶이 주어진 것은 아니었다. 마리 앙투아네트 손탁은 젊은 독일인 초등학교 교사의 장녀로 태어났다. 부친은 당시 경제적으로 부흥했던 알자스 지방의 독일 국경 인근에서 교사로 임용되었다. 이 지역은 독일영토에서 프랑스령으로 바뀌기를 여러 차례 반복했다. 마리 앙투아네트 손탁은 1838년 10월 1일 오뷔르Aubure(독일어 지역명은 알트바이어Altweier)에서 태어났다. 출생증명서에 따르면,

오후 1시 정각에 우리들, 즉 시장, 생트마리오민느주Kanton Sainte Marie aux Mines의 오

뷔르 지역 호적사무소장, 오링Haut Rhin 담당 부서에 23세의 오뷔르 주민, 초등학교 교사 장 조르주 손탁Jean Georges Sonntag이 직접 와서 오뷔르 자택에서 10시 정각에 태어난 딸의 출생 신고를 했다. 이 아이는 장 조르주 손탁과 함께 거주하는 18세의 전업주부 마리 안 발라스트Marie Anne Ballast 사이에 탄생한 아이다. 이름은 마리 앙투아네트로 정했다(마리-크리스틴 파뇨Marie-Christine Fagnot 번역).

1840년과 1845년 사이에 자녀가 네 명 더 태어났다. 하지만 손탁 가족의 형편은 나아지지 않았다. 설상가상 오뷔르 가톨릭 교회의 사망자 기록에는 1847년 마리 앙투아네트의 어머니가 요절하고 1848년에는 아버지마저 별세했다고 기록되어 있다. 양친을 모두 여의고 고아가 된 마리 앙투아네트와 형제자매들은 일찍 독립할 수밖에 없었다. 특히 마리 앙투아네트와 마리 파울리네는 생활력이 강했다. 독·불 양 국어를 구사하며 성장한 마리 앙투아네트 손탁이 알자스 지방 전통 의상을 입고 촬영한 사진을 보자. 젊은 손탁의 자세와 표정은 사리에 밝고 산전수전 겪은 것처럼 보인다. 마리 앙투아네트의 여동생 마리 파울리네 손탁1842-1937은 아렌스부르크의 발트독일계 명문가 후손 알렉산더 테오도르 칼로비치 마크1846-1923와 결혼했다. 손탁 자매에게 행운이었다.

언어에 재능이 있던 손탁 자매는 빠른 속도로 러시아어를 배웠다. 독·불 양 국어를 공용하는 고향 알자스에서 단련된 손탁 자매는 다국어로 소통하는 문화환경에서도 능숙한 소통 능력을 보였다. 마리 앙투아네트 손탁은 러시아 제국에서 여동생 파울리네의 시댁에 잘 적응한 것 같다.

마리 앙투아네트는 제부 알렉산더 마크의 여동생인 유제니와 각별히 친해졌다. 아렌스부르크(오늘날 에스토니아 영토)에서 태어난 유제니 마크는 촉망받는 젊은 외교관 카를 폰 배버와 결혼했다. 1870년대 전반기 유제니와 카를 배버 부부 모습을 담은 인물 사진 두 장을 이 책에 수록한다.

유제니는 가계도가 17세기까지 거슬러 올라가는 발트독일계 명문가 여식이다. 1700년대에 필사된 족보는 대단하다. 유제니의 외가 요르단Jordan 가문의 가계에 요한 에른스트 글뤽1654-1705이 등장한다. 발트제국과 러시아에서 목사, 계몽사상가, 성서번역가로 유명한 인물이다. 발트제국에서 글뤽은 오늘날까지도 라트비아 문자를 육성한 위인으로 추앙된다. 라트비아 문자가 활성화되면서 이전에 이 지역에서 독일어가 통용되던 역사가 빛바래긴 했지만 말이다. 유감스럽게도 요한 에른스트 글뤽은 독일에서는 전문가층에서만 알려진 이름이다. 2005년에 할레-비텐베르크 마르틴루터 대학교의 경건주의 연구소는 할레프랑켄 재단, 밤베르크 대학교와 협력해서 헬무트 글뤽 교수의 지도 아래 요한 에른스트 글뤽 타계 300주년 기념 국제 학술 대회를 열었다. 요한 에른스트 글뤽의 탄생지 베틴Wettin(오늘날 작센-안할트)에도 기념비가 세워졌다. 하지만 전체적으로 보면 300년 전에 이미 여러 문화권을 넘나들며 활동했던 글뤽 목사의 저작은 현재의 동서 교류와 관련해서 생산적으로 수용되지 못했다고 할 수 있다.

1654년 베틴에서 목사의 아들로 태어난 글뤽은 비텐베르크와 라이프치히에서 신학을 전공했고 리브란트에서 목사로 부임했다. 그는 목사 소임과 포교를 위해서 러시아어, 라트비아어를 배워야 한다는 점을 곧 깨달았다. 글뤽은 서민을 돕기 위해 노력했다. 언어에 재능 있고 편견 없던 청년 글뤽을 그곳 담임 목사가 지원해 주었다. 1683년에 그는 마리엔부르크에서 목사로 부임했다. 당시에 라트비아어 성서 번역본이 아직 없었다. 여러 외국어를 유창하게 구사했던 글뤽은 8년1681-1689에 걸쳐 성서를 라트비아어로 번역했다. 성서를 번역한 글뤽은 라트비아에서 마치 독일의 마르틴 루터 같은 존재가 되었다. 1694년에 라트비아어로 번역된 성서가 초판 인쇄되었다. 스웨덴 왕실이 이 프로젝트의 비용을 지원했다. 무엇보다 왕실에 이로운 사안이었기 때문이다. 이 시기에 라트비아는 스웨덴 치하에 있었다. 스웨덴 국교도 루터교였기 때문에 이러한 방식으로 라트비아에서 스웨덴 왕실의 영향력을 강화할 수 있었다. 요한 에른스트 글뤽의 박애주의적인 노력이 한편으로 이렇게 정치적으로 이용되었다.

요한 에른스트 글뤽 목사는 기독교 포교만을 힘쓴 것이 아니라 언어와 문화에도 관심이 깊었다. 후일 선교사 카를 귀츨라프Karl Gützlaff, 1803-1851도 동아시아에서 이러한 삶을 살았다. 글뤽은 마르틴 루터처럼 서민 자녀의 교육과 생계도 보살폈다. 이 지점에서 동아시아와 유럽을 연결하는 선교 활동의 다음 고리가 맺어진다. 이미 당시에 국제적으로 활동했던 '헤른후트 형제단Herrnhuter Brüdergemeinde'이 백성들의 '각성'과 기독교화를 위해서 지대한 역할을 수행했다는 점을 기억해 보자. 헤른후트 형제단은 오늘날 대한민국에서 기독교 정체성의 중요한 부분으로 평가된다. 얀 후스Jan Hus, 1369-1415가 보헤미아 종교개혁 운동을 주도했고 니콜라우스 루드비히 폰 친첸도르프Nikolaus Ludwig von Zinzendorf, 1700-1760가 이를 혁신했으며 헤른후트 형제단을 통해 루터교와 칼빈주의, 경건주의를 합치했다. 요한 에른스트 글뤽은 이러한 전통을 계승한다. 이 전통은 오늘날까지도 작센의 소도시 헤른후트와 연결된다. 글뤽은 할레 출신 아우구스트 헤르만 프랑케August Hermann Francke, 1663-1727와 빈번하게 서신 교류를 했다. 두 목사가 주고 받은 서신 내용을 보면 사상과 실천에서 서로 뜻이 통했다는 것을 알 수 있다. 프랑케는 글뤽의 출생지 베틴에서 멀지 않은 할레에서 활동했다. 그는 1689년 창설되어 현존하는 '프랑케 재단Die Franckeschen Stiftungen'을 설립했다. 재단 부지에 환자와 약자를 위한 학교 및 거주 시설과 보호소가 들어섰다. 당시에 마리엔부르크의 목사였던 글뤽은 후일 코켄후젠Kokenhusen(Koknese)의 교구장이 된다. 글뤽은 자선사업의 일환으로 1683년에 라트비아 어린이들을 위한 최초의 학교들을 설립하고 프랑케가 남긴 고아들을 자택에 거두기도 했다.

이제부터 마치 동화 같은 이야기가 시작된다. 글뤽 목사 가족이 역사에 남은 이유는 다음과 같다. 글뤽 가족은 열두 살 소녀를 수양딸로 거두는데 이 소녀가 후일 러시아의 여제가 되기 때문이다. 평민 소녀의 이름은 마르타 스카브론스카야Marta Skawronskaja이다. 러시아와 노르웨이가 대적한 대북방 전쟁1700-1721에서 표트르 1세가 승리한다. 전쟁 중이던 1702년에 글뤽은 러시아 포로가 되어 처자식과 함께 모스크바로 압송된다. 마르타는 비범한 미모를 가진 매력적인 소녀였을 것이다. 마르타는 표트르 대제의 친구 멘시코프Menschikow의 저택에서 1703년에 개최된 만찬의 시중을 들었다. 관습과 신분에 얽매이지 않던 러시아 개혁 군주 표트르 1세1672-1725가 만찬에서 마르타에게 관심을 갖게 되었다. 표트르 1세는 1707년에 처세에 능한 젊은 마르타를 자신의 배우자로 삼았고 1711년에 공식적으로 황후로 책봉했다. 그녀가 후일 예카테리나 1세1684-1727이다. 그녀는 평생 표트르 대제를 성심껏 보필했다.

마르타(후일 예카테리나 1세)는 자신의 태생과 출신을 결코 잊지 않았다. 그녀는 1703년에 표트르 1세가 양부 글뤽 목사에게 모스크바 최초로 외국어 김나지움Gymnasium을 창립하는 임무를 부여하도록 중재했다. 표트르 1세가 추구하던 러시아의 현대화를 위해서는 교육 수준이 높은 공무원과 시민들이 필요했기 때문이다. 표트르 1세는 종교적 탄압을 하지 않았다. 당시로서는 특이한 일이다. 그리하여 러시아 치하에서도 기독교회가 보존되었다. 글뤽은 마리엔부르크 목사 시절부터 러시아어를 배웠다. 외국어를 잘했고 다방면에 교양이 풍부해서 외국어 김나지움의 커리큘럼을 설계했고 심지어 외국인 교사도 채용할 수 있었다. 실력 있는 교사들을 모스크바로 초빙하기 위해 글뤽이 할레의 아우구스트 헤르만 프랑케와 접촉한 것이 밝혀졌다. 프랑케는 이 방면에 경험이 많았다. 외국어 고등학교에는 러시아어 외에도 독일어, 프랑스어, 스웨덴어 역사, 지리, 철학이 교과목으로 채택되었다. 세계를 향한 개방성을 표방한 교과과정이다. 요한 에른스트 글뤽은 요한 아모스 코메니우스Johann Amos Comenius, 1592-1670의 작품들과 독일어 교과서를 사용했다. 기독교인 신학자 코메니우스는 교육

학자이자 철학자이다. 코메니우스의 작품들은 글뤽의 기독교 신앙과도 맞았다. 한 마디로 글뤽은 다방면에 정통한 지식인이었다. 성서를 러시아어로 번역하고 가곡을 작사했으며 러시아어 문법책과 지리학 교과서도 집필했다. 요한 에른스트 글뤽은 1705년 모스크바에서 별세했다. 슬하에 두 아들 크리스티안 베른하르트Christian Bernhard와 에른스트 고틀립Ernst Gottlieb, 그리고 4명의 딸을 두었다. 딸 크리스티나Christina는 발트제국 귀족 가문인 코스쿨Koskull 가문으로 시집갔다. 자매 엘리자베트Elisabeth는 발트제국의 프랑스 가문 태생으로 러시아 해군 부제독이 된 길모 드 빌브와Guillemot de Villebois와 화촉을 밝혔다. 톨Toll 가계도에 발트독일인 에두아르트 구스타프 폰 톨 남작Freiherr Eduard Gustav von Toll, 1858-1902이 등장하는데, 그는 러시아에서 저명한 극지 연구가이자 자연과학자가 되었다. 아니카 하인리히Annika Heinrich가 제공한 필사본 가계도 족보 목록을 보자. 요르단-마크Jordan-Maack 항렬의 생몰연도가 기록되어 있다. 카를 폰 배버는 이 가문의 사위가 된다. 글뤽, 드 빌브와, 폰 코스쿨, 폰 슈타켈베르크, 폰 톨, 요르단 가문의 일원이 된 것이다.

표트르 1세는 글뤽의 미망인 크리스티네 에메렌티아Christine Emerentia, 1654-1740에게 연금 300루블을 하사했다. 예카테리나 1세는 에스토니아 아야Aya(Ahja) 영지를 하사했고 1766년까지 글뤽 가족 소유로 상속되었다. 1910년에 작가 막스 다우텐다이Max Dauthendey, 1867-1918가 희곡 〈여제의 유희〉를 발표했다. 마리엔부르크에서 있었던 글뤽 목사와 수양딸 이야기를 예술적으로 자유롭게 형상화한 작품이다. 글뤽 목사의 수양딸이 여제로 등극한 이야기가 여전히 세간의 기억 속에 깊이 자리 잡고 있었다는 것을 알 수 있다.

가계도를 거슬러 올라가면, 글뤽이 유제니 외가쪽의 먼 친척인 것을 알 수 있다. 명문가의 전통을 계승한 젊고 아름다운 유제니 폰 배버(친정 성은 마크)는 교육 수준이 높았다. 러시아어, 독일어, 영어를 유창하게 구사했고, 외교관 남편 카를 배버를 최선을 다해 내조했다. 요코하마 부영사1874-1875로 부임한 남편과 함께 요코하마에 체류했고 차기 임지인 톈진1876-1884으로 함께 이주했다. 이런 결정이 당시로서는 당연지사가 아니었다. 중국학을 전공한 외교관으로 이름을 알린 배버는 톈진에서 러시아 총영사로 재직했다.

배버 가문의 가계도.

1 2 3 4 5 6 7 8 9 10 11 12 13 14 15 16 17 18 19 20 21 22 23 24 25 26 27 28 29 30 31 32

Friedrich Waeber Gutsverwalter von Edwahlen 1686 1769

Friedrich Waeber 1686 1769

Elert Maack

Gertruth Läschan

∞ 1692

Joh. Christian Waeber
Pastor zu Edwahlen (Kurland) seit 1760
* 21/10 Juli 1736
† 1812

Maria Dorothea Herzwich
† 1812

Joh. Christian Waeber
* 21/10 Juli 1735
† 1812

Maria Dorothea Herzwich
† 1812

Elert Maack
Hamburg ?
* 11/10 1701
† 18/2 1772

Maria Elsabe von Pieran geb. Tummel
* 16/2 1723
† 16/6 1755

∞ 12/2 1754

Johann Heinrich Waeber
Erst Kaufmann, dann Gutsbesitzer, zuletzt Pastor zu Edwahlen
* Edwahlen (?) 1763
† Edwahlen (?) 1824

Juliane Gertrude Fabricius
* 1772
† 1839

Gotthard Christian Waeber
Bruder von Joh. Heinr. Waeber
Erbpfandbesitzer von Charlottenburg
* 1778
† 1861

Anna Charlotte Kattchin
† 1861

Johann Otto Maack
* Hamburg (?) 6 Juni 1755
† 10 Dez. 1802

Dorothea Ester Tummel
* 21 Nov. 1761
† 28 Nov. 1796

∞ 30 Juli 1782

Johann Heinrich Waeber
Lehrer an der Waisenschule in Libau
* Hamburg 1800
† Libau 28/16 März 1858

Dorothea Waeber
* 8 Dez. 1806
† 26 Nov. 1880

Carl Gottlieb Maack
zur Zeit der Napoleonischen Kriege aus Hamburg geflüchtet
Zolldirektor in Arensburg Insel Oesel
* Hamburg (?) 11 April 1792
† Arensburg Insel Oesel 12 Febr / 31 Jan. 1869

Julie Caroline Elisabeth Jordan
* Arensburg Insel Oesel 11 Febr / 30 Jan. 1805
† St. Petersburg 22/10 April 1883

∞ 20/8 Juli 1823

Karl Friedrich Theodor v. Waeber
Russischer Gesandter in Korea u. Mexiko, Exzellenz
* Libau 17/5 Juni 1841
† Niederlössnitz b/Dresden 8 Jan. 1910

Fenny Alide Maack
* Gut Karridahl Insel Oesel 17/5 Dez. 1850 (1851?)
† Dresden 24 Nov. 1921

∞ St. Petersburg 30/18 April 1872

Eugen Albert v. Waeber
Dipl.-Ing. Autobaurat
* Tientsin (China) 25/13 Sept. 1879

die 32 Ahnen von Eugen Albert v. Waeber

Verlag Justus Perthes Gotha

Ahnentafel Formular „Kiefer"

오이겐 폰 배버가 작성한 배버-마크-직계 조상 가계도.

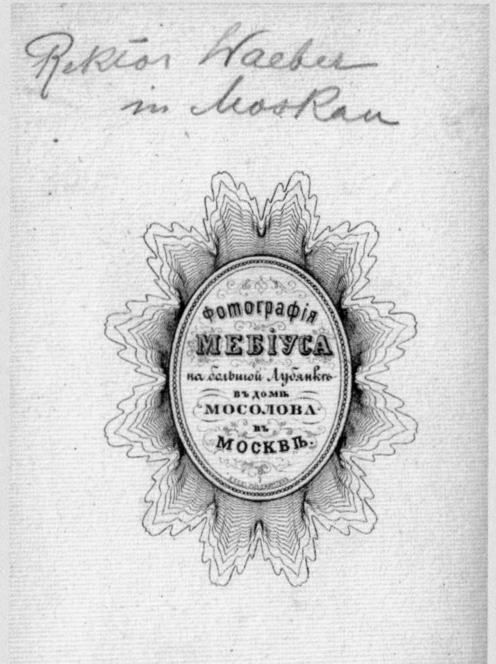

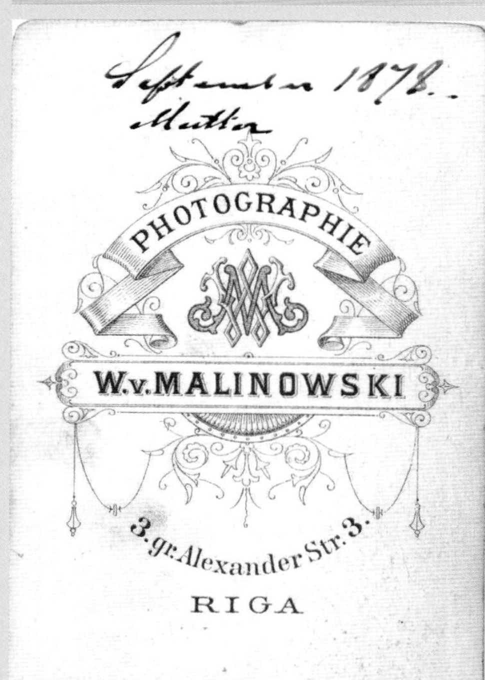

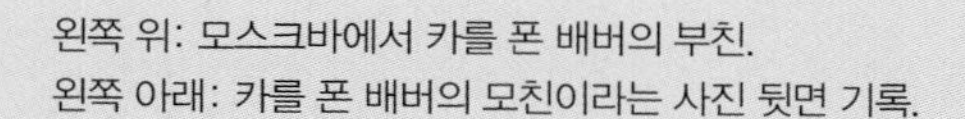
왼쪽 위: 모스크바에서 카를 폰 배버의 부친.
왼쪽 아래: 카를 폰 배버의 모친이라는 사진 뒷면 기록.

오른쪽 위: 카를 폰 배버의 부친이라는 사진 뒷면 기록.
오른쪽 아래: 1878년 카를 폰 배버의 모친.

384. Verzeichniß der Geborenen und Getauften

Jahr und Monat: Tag und Stunde der Geburt	Jahr und Monat: und Tag der Taufe	Nummer, Taufname des Kindes, Tauf- und Familiennamen und Confession der Aeltern, Stand, Rang oder Gewerbe des Vaters, oder der Mutter, oder desjenigen, der das Kind zur Taufe vorgestellt hat, Name des Predigers, von dem die Taufe, und des Orts, wo sie vollzogen ist, Tauf und Familiennamen, Stand, Rang und Gewerbe der Pathen.	Ehelich Geborene: Männliche	Ehelich Geborene: Weibliche	Unehelich Geborene: Männliche	Unehelich Geborene: Weibliche	Todt Geborene u. vor der Taufe verstorben: Männliche	Todt Geborene u. vor der Taufe verstorben: Weibliche
1841 Julius drei u. zwanzig abends halb zwölf Uhr.		No 72. Ein ehelicher, todtgeborner Knabe. Vater: Kaufmann Martin Herrmann Strupp. Mutter: Gertrude Maria Wilhelmine geborne Salomon. beide Augsb: Confess. Hebamme: Kretschmann.	—	—	—	v. d. Verhandlung L. D. XVI. Pag. 100. No 51.	1.	—
18 Junius neun fünf, Nachmittags halb drei Uhr.	41 am fünf und Zwanzigsten Junius, abends zwischen	No 73. Karl Friedrich Theodor. Vater: Waisenhauslehrer, Tit. Rath Johann Heinrich Waeber. Mutter: Charlotte Dorothea geborne Waeber. beide Augsb: Confess. Getauft: von Pastor Herrmann Friedrich Konradi aus Mesohten. Gevattern: der frei practisirende Arzt Friedrich Waeber. Zeugen: Herr Bürgermeister Günther. Pastor Eduard Rottermund. – Consul Johann Rottermund. – Kreisarzt Dr. Harmsen. Advokat Melville. – Schulinspektor Friedberg. Candidat Dietrich. – Förster Jürgensohn. Waisenlehrer Brünner. – Frau Prediger	1.	—	—	—	—	—

리바우 교회 교인 명부. 카를 폰 배버의 생년월일. 384쪽 73–1841.

위 왼쪽: 숙부 프리츠 배버, 조카 카를(카를 폰 배버), 오토가 함께 촬영한 사진. 위 오른쪽: 사진 뒷면 기록.
아래 왼쪽: 샬로테 배버(친정 성은 호아이젤) 사진 뒷면 기록. 아래 오른쪽: 샬로테 배버(친정 성은 호아이젤)가 자녀와 함께 촬영한 사진.

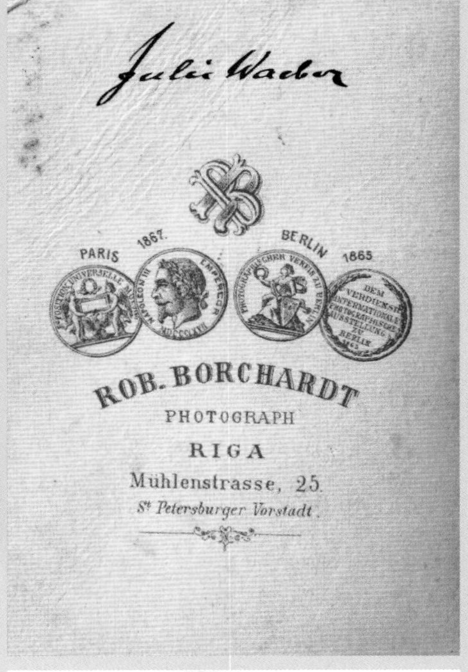

위 왼쪽: 카를 폰 배버의 누나 율리 배버.
아래 왼쪽: 사진 뒷면.

위 오른쪽: 사진 뒷면.
아래 오른쪽: 숙부 카를 슈미트 에드발렌 교구장.

카를 폰 베버의 대학 시절. 이스마일 아부-카리모프, W.P. 바실리예프 교수, 동양학자 콘스탄틴 골촌스키, 학우들과 함께.

Die alte russische Gesandtschaft in Peking
Im Vordergrunde der Gesandte Graf Cassini

위: 베이징의 구 러시아 공사관 앞에 서 있는 카시니 백작.
아래: 사진 뒷면 기록. '베이징 주재 구 러시아 공사관'

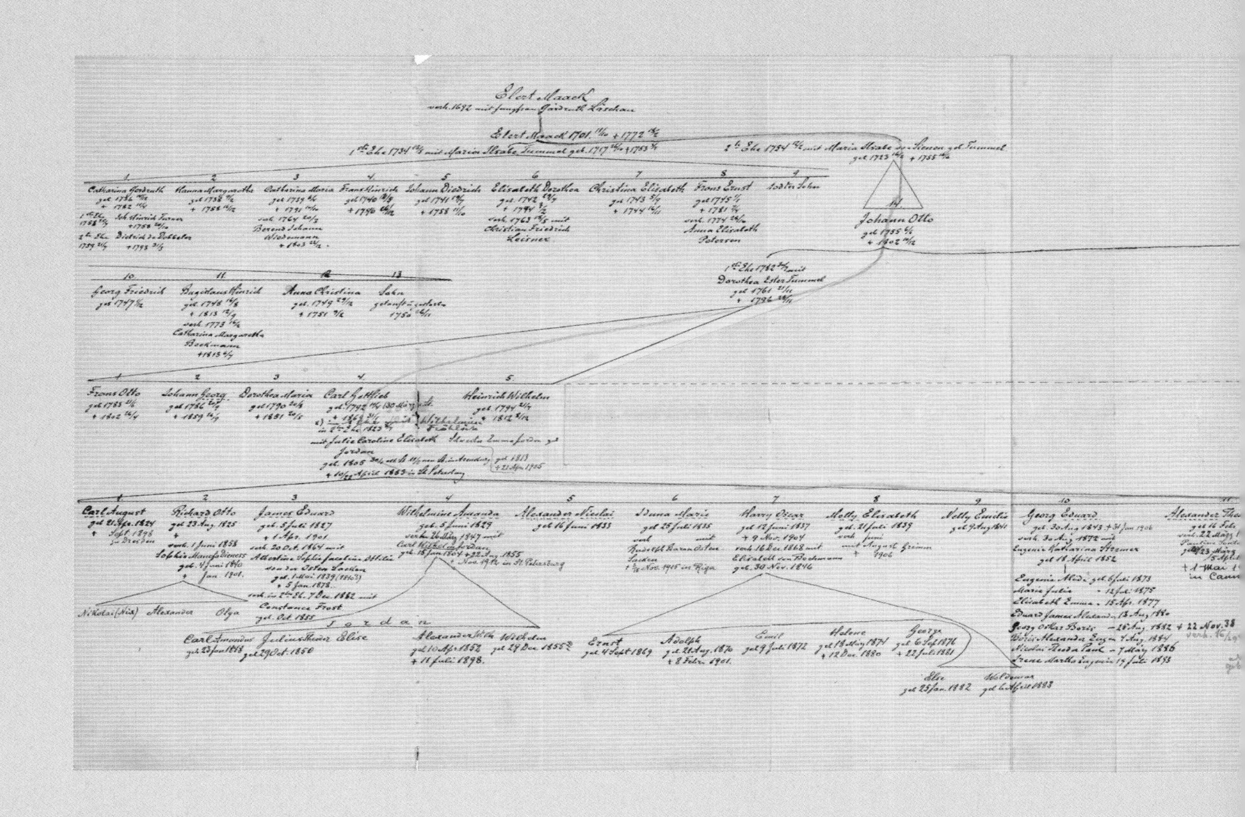

2차로 작성된 배버-마크 가문 가계도.

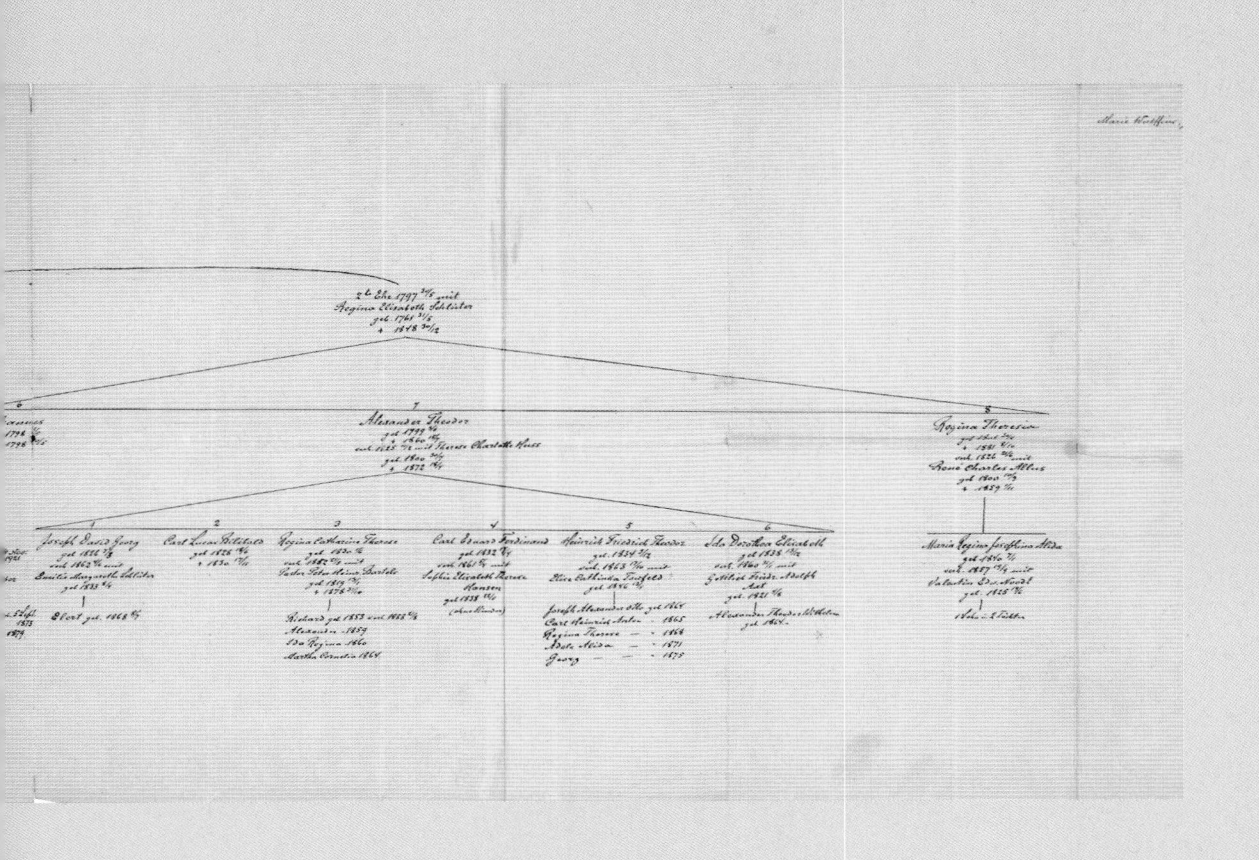
2te Ehe 1797 mit
Regina Elisabeth Schlüter
geb. 1761
+ 1848
Alexander Theodor
geb. 1799
+ 1860
verh. 1825 mit Therese Charlotte Hess
geb. 1800
+ 1872
Regina Theresia
verh. 1826 mit
René Charles Albus
geb. 1800
+ 1859
Joseph David Georg
geb. 1826
verh. 1862 mit
geb. 1833
Carl Lucas Wilibald
geb. 1828
+ 1830
Regina Catharina Therese
geb. 1830
verh. 1852 mit
geb. 1819
+ 1876
Richard geb. 1853 verh. 1888
Alexander 1859
Ida Regina 1860
Martha Cornelia 1864
Carl Eduard Ferdinand
geb. 1832
verh. 1861 mit
Sophie Elisabeth Therese
Hansen
geb. 1838
Heinrich Friedrich Theodor
geb. 1834
verh. 1863 mit
geb. 1846
Joseph Alexander Otto geb. 1864
Carl Heinrich Anton - 1865
Regina Therese - 1868
Adele Alida - 1871
Georg - 1875
Ida Dorothea Elisabeth
geb. 1838
verh. 1860 mit
Gottlieb Friedr. Adolph
geb. 1821
geb. 1864
Maria Regina Josephina Alida
geb. 1840
verh. 1857 mit
geb. 1825

Elert Maack verh. 1692 mit Jungfrau Gärdruth Läschau

Elert Maack — 1ste Ehe 1734 [illegible] — Maria Ilsabe Tummel — 2te Ehe 1754 12/2 — Maria Ilsabe von Sienen geb. Tummel
geb. 1701 11/10 — geb. 1717 26/10 — geb 1723 16/2
† 1772 18/2 — † 1763 2/4 — † 1755 10/6

1ste Ehe.

1 Catharina Gertruth, geb. 1736 14/12, † 1782 11/4; 1te Ehe Joh. Hinrich Turner 1758 28/7, † 1768 20/10; 2te Ehe Diedrich de Dobbeler 1769 31/7, † 1793 31/3
2 Hanna Margaretha, geb. 1738 7/2, † 1755 18/12
3 Catharina Maria, geb. 1739 6/4, † 1791 10/10, verh. 1764 24/3 Berend Johann Wiedemann, † 1803 23/12
4 Frans Hinrich, geb. 1740 2/5, † 1740 26/12
5 Johann Diedrich, geb. 1741 19/7, † 1755 11/10
6. Elisabeth Dorothea, geb. 1742 29/7, † 1794 [illegible], verh. 1763 18/5 Christian Friedrich Leisner
7 Christina Elisabeth, geb. 1743 5/9, † 1744 16/10
8 Frans Otto, geb. 1745 [illegible], † 1781 [illegible], verh. 1774 18/10 Anna Elisabeth Petersen
9 todter Sohn
10 Georg Friedrich, geb 1747 [illegible]
11 Bugislaus Hinrich, geb. 1748 16/8, † 1813 [illegible], verh. 1773 16/12 Catharina Margaretha Beckmann, † 1813 [illegible]
12. Anna Christina, geb. 1749 29/12, † 1751 [illegible]
13 Sohn getauft gestorben 1750 [illegible]

2te Ehe.

14 Johann Otto, geb. 1755 6/6, † 1802 10/12 — 1ste Ehe 1782 30/7 Dorothea Ester Tummel, geb. 1761 21/11, † 1796 28/11 — 2te Ehe 1797 30/6 Regina Elisabeth Schlüter, geb. 1761 31/5, † 1848 20/12.

1ste Ehe — 2te Ehe

1 Franz Otto, geb. 1783 21/6, † 1802 28/4
2 Johann Georg, geb. 1786 20/9, † 1859 28/9
3. Dorothea Maria, geb. 1790 20/3, † 1851 20/5
4 Carl Gottlieb, geb. 1792 11/4, † 1869 31/1 — 1ste Ehe verh. 1823 [illegible] Julie Caroline Elisabeth Jordan, † 10/22 April 1883 in St. Petersburg
5 Heinrich Wilhelm, geb 1794 21/7, † 1812 8/12
6 Johannes, geb. 1795 [illegible], † 1795 [illegible]
7 Alexander Theodor, geb. 1799 [illegible], † 1860 [illegible] — verh. 1825 [illegible] Therese Charlotte Hesse, geb. 1800 [illegible], † 1872 [illegible]
8 Regina Theresia, geb. 1801 [illegible], † 1881 [illegible], verheiratet 1826 21/6 René Amelot Allut, geb. 1800 [illegible], † 1859 [illegible]

[illegible] Russland ausgewandert, 12 Kinder

1 Joseph David Georg, geb. 1826 [illegible], verh. 1862 [illegible] mit Emilie Marg. Schlüter, geb. 1833 3/4; 1 Sohn Elert geb 1865 [illegible]
2 Carl Lucas Gibibald, geb. 1828 18/6, † 1830 17/11
3 Regina Catharina Therese, geb. 1830 [illegible], verh. 1852 [illegible] mit Pastor Peter Heinr. Bartels, geb 1819 [illegible], † 1878 [illegible]; [illegible] 2 Söhne 2 Töchter: [illegible] geb. 1853, Alexander geb. 1857, Ida Regina 1860, Martha Cornelia 1864
4 Carl Eduard Ferdinand, geb 1832 17/4, verh. 1861 [illegible] mit Sophie Elisabeth Therese Hansen, geb 1833 [illegible]; ohne Kinder
5 Heinrich Friedrich Theodor, geb. 1834 [illegible], verh. 1863 [illegible] mit Eline Catharina Tesdorf, geb. 1846 [illegible]; [illegible] 3 Söhne 2 Töchter: Joseph Alexander [illegible] 1864, Carl Heinrich [illegible] 1866, Regina Therese 1868, Adele Alide 1871, [illegible]
6 Ida Dorothea Elisabeth, geb. 1838 13/12, verh. 1860 [illegible] mit Gottlieb Friedrich Adolf Aat, geb. 1821 [illegible]; 1 Sohn Alexander Theodor Wilhelm geb. 1864
Maria Regina Sophia Alida, geb 1840 [illegible], verh. 1857 [illegible] mit [illegible], geb 1825 [illegible]; 2 Töchter, 1 Sohn

Die Kaiserin Katherina I wurde im Hause
des Probstes Glück in Marienburg erzogen
im Jahre 1723 dem Kaiser Peter d. Gr. angetraut
K. Catherina machte die drei Töchter von Pr. Gl. zu Hofdamen
und verheiratete dieselben an.
Villebois — ~~[illegible]~~ — Roskull
|
Stackelberg
|
Toll
|
Künlingen Jordan — Häene
|
Wilhelm — Julie Maack. Eduard. Ankelcorp.
Alexander. Lina Jordan

위: 마크 가문 가계도 기록.
아래: 요한 에른스트 글뤽과 예카테리나 1세의 관계에 대한 역사적 증빙 기록/글뤽-요르단 가문의 가계도 관련 기록.

Переводъ.

Bescheinigung.

Durch dieses wird bescheinigt, daß Carl Gottlieb Maack, geboren in Hamburg am 30 (dreißigsten) März / 11 (elften) April 1792 (siebenzehnhundertzweiundneunzig) aus seiner Ehe mit Julie Caroline Elisabeth geborene Jordan, geboren in Arensburg am 11. (elften) Februar 1805 (fünf), nachstehende Kinder hatte und zwar nach Ausweis des hiesigen Personalbuchs:

1. Carl August, geboren in Arensburg am 21 (einundzwanzigsten) April 1824 (vierundzwanzig).
2. Richard Otto, geb. in Arensburg am 23. (dreiundzwanzigsten) August 1825 (fünfundzwanzig).
3. James Eduard, geb. in Arensburg am 5. (fünften) Juli 1827 (siebenundzwanzig).
4. Wilhelmine Amalie, geb. in Arensburg am 5. (fünften) Juni 1829 (neunundzwanzig).
5. Alexander Nicolai, geb. in Arensburg am 16. (sechzehnten) Juni 1833 (dreiunddreißig).
6. Bruna Marie, geb. in Arensburg am 25. (fünfundzwanzigsten) Juli 1835 (fünfunddreißig).
7. Harry Oscar, geb. in Arensburg am 12. (zwölften) Juni 1837 (siebenunddreißig).
8. Molly Elisabeth, geb. in Arensburg am 21. (einundzwanzigsten) Juli 1839 (neununddreißig).
9. Nelly Emilie, geb. in Arensburg am 9. (neunten) August 1841 (einundvierzig).
10. Georg Eduard, geb. in Arensburg am 30 (dreißigsten) August 1843 (dreiundvierzig).
11. Alexander Theodor Arnold, geb. in Arensburg am 16. (sechzehnten) Februar 1846 (sechsundvierzig).
12. Jenny Alide, geb. in Karredal (St. Johannis) am 5. (fünften) December 1851 (einundfünfzig).

Arensburg, den 13. März 1892.

Sub fide pastorali

D. Lemm

Oberpastor zu Arensburg.

Свидѣтельство.

Симъ свидѣтельствуется что Карлъ Готлибъ Маакъ родившiйся въ Гамбургѣ 30 (тридцатаго) Марта / 11 (одиннадцатаго) Апрѣля 1792 (тысяча семьсотъ девяносто втораго) года изъ законнаго своего брака съ Юлiею Каролиною Елизаветою урожд. Йорданъ, родившеюся въ Аренсбургѣ 11 (одиннадцатаго) Февраля 1805 (пятаго) года, по указанiю здѣшней персональной книги имѣлъ нижеслѣдующихъ дѣтей:

1. Карлъ Августъ, родившiйся въ Аренсбургѣ 21 (двадцать перваго) Апрѣля 1824 (двадцать четвертаго) года.
2. Рихардъ Отто, родившiйся въ Аренсбургѣ 23 (двадцать третьяго) Августа 1825 (двадцать пятаго) года.
3. Джеймсъ Эдуардъ, родившiйся въ Аренсбургѣ 5 (пятаго) Iюля 1827 (двадцать седьмаго) года.
4. Вильгельмина Амалiя, родившаяся въ Аренсбургѣ 5 (пятаго) Iюня 1829 (двадцать девятаго) года.
5. Александръ Николай родившiйся въ Аренсбургѣ 16 (шестнадцатаго) Iюня 1833 (тридцать третьяго) года.
6. Шуна Марiе, родившаяся въ Аренсбургѣ 25 (двадцать пятаго) Iюля 1835 (тридцать пятаго) года.
7. Харри Оскаръ родившiйся въ Аренсбургѣ 12 (двенадцатаго) Iюня 1837 (тридцать седьмаго) года.
8. Молли Елизабетъ, родившаяся въ Аренсбургѣ 21 (двадцать перваго) Iюля 1839 (тридцать девятаго) года.
9. Нелли Эмилие, родившаяся въ Аренсбургѣ 9 (девятаго) Августа 1841 (сорокъ перваго) года.
10. Георгъ Эдуардъ, родившiйся въ Аренсбургѣ 30 (тридцатаго) Августа 1843 (сорокъ третьяго) года.
11. Александръ Теодоръ Арнольдъ родившiйся въ Аренсбургѣ 16 (шестнадцатаго) Февраля 1846 (сорокъ шестаго) года.
12. Женни Алиде, родившаяся въ Карредалѣ (Св. Iоанна) 5 (пятаго) Декабря 1851 (пятьдесятъ перваго) года.

Аренсбургъ, 13-го Марта 1892 года.

Sub fide pastorali

Д. Леммъ

Оберъ-пасторъ въ Аренсбургѣ.

독일어와 러시아어 양 국어로 작성된 호적 등본. 마크 가문 열두 자녀의 이름과 생년월일 등재.

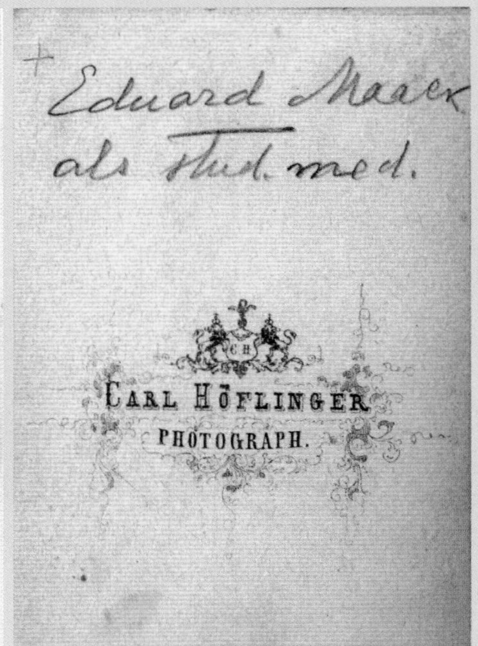

위 왼쪽: 유제니의 부친 카를 고틀립 마크(1792년생)
위 오른쪽: 사진 뒷면 기록. '카를 G. 마크– 유제니 폰 배버(친정 성은 마크)의 부친'
아래: 유제니 폰 배버(친정 성은 마크)의 젊은 시절.

Photographisches Atelier
VON
Ch. Assafrey
IN
Arensburg.

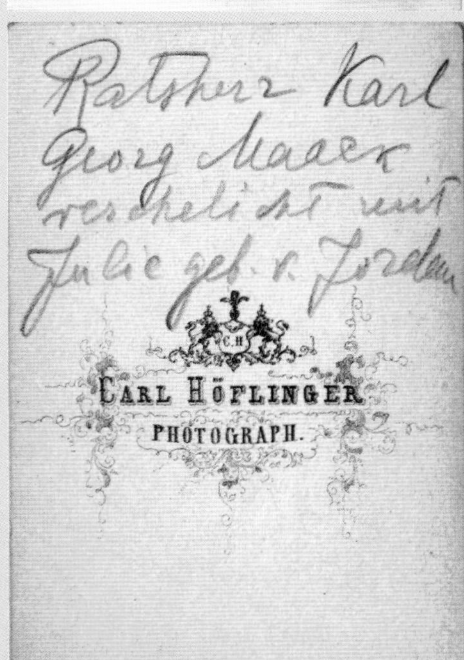

위 왼쪽: 유제니의 오빠 제임스 에두아르트 마크 박사와 신부 알베르틴 테오도르 오스텐 자켄 남작부인.
위 오른쪽: 이름이 기록된 사진 뒷면.
아래 왼쪽: 사진 뒷면 기록.
아래 오른쪽: 유제니의 오빠 제임스 에두아르트 마크의 의과대학 재학 시절.

Jenny Weber

Georg Eduard Jordan

Petersburg
d. 16 May 1885.

왼쪽: 유제니의 외숙 게오르크 에두아르트 요르단이 예복을 갖춘 모습.
오른쪽: 사진 뒷면 기록. 유제니와 카를 폰 배버 부부에게 1885년에 기록한 헌사.

배버 부부의 젊은 시절. 카를과 유제니.

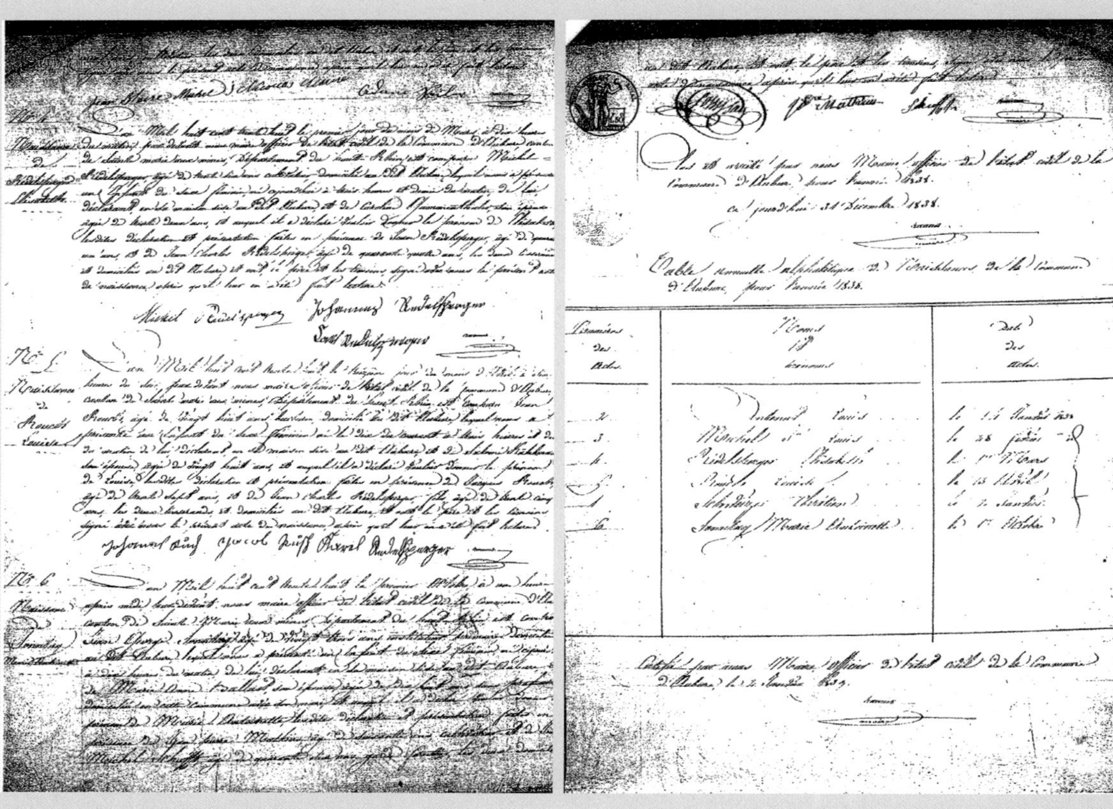

왼쪽: 교회 명부 기록. 마리 앙투아네트 손탁의 출생 증명서.
오른쪽: 마리 앙투아네트의 출생 증명서.

위 왼쪽: 알자스 지방 전통 의상을 입은 마리 앙투아네트 손탁의 젊은 시절.
위 오른쪽: 파울리네 마크(친정 성은 손탁)의 젊은 시절.
아래: 알렉산더 테오도르 마크의 청년시절(파트리시아 드 마크가 게재 승인).

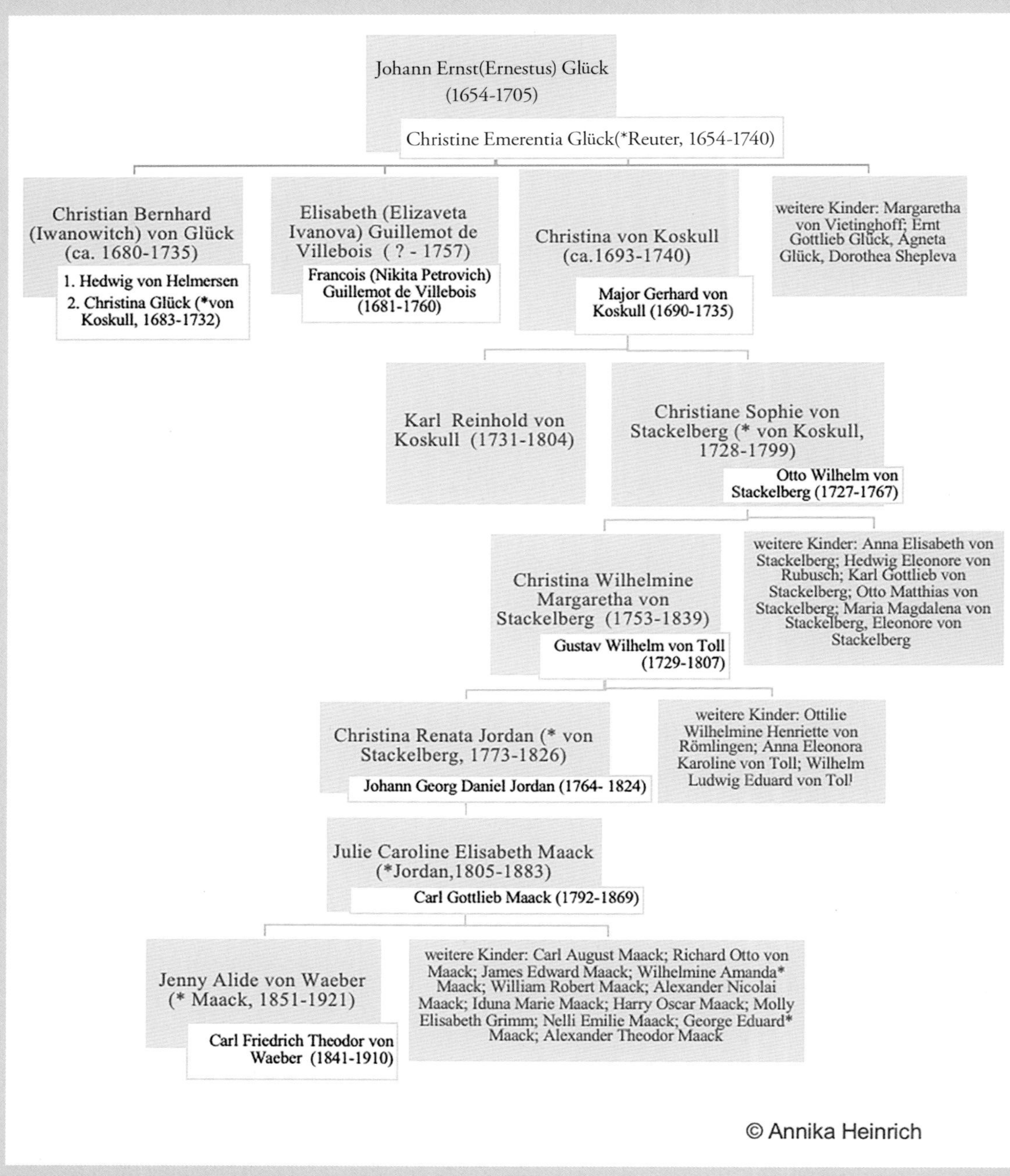
Johann Ernst(Ernestus) Glück
(1654-1705)
Christine Emerentia Glück(*Reuter, 1654-1740)
Christian Bernhard (Iwanowitch) von Glück (ca. 1680-1735)
1. Hedwig von Helmersen
2. Christina Glück (*von Koskull, 1683-1732)
Elisabeth (Elizaveta Ivanova) Guillemot de Villebois (? - 1757)
Francois (Nikita Petrovich) Guillemot de Villebois (1681-1760)
Christina von Koskull (ca.1693-1740)
Major Gerhard von Koskull (1690-1735)
weitere Kinder: Margaretha von Vietinghoff; Ernt Gottlieb Glück, Agneta Glück, Dorothea Shepleva
Karl Reinhold von Koskull (1731-1804)
Christiane Sophie von Stackelberg (* von Koskull, 1728-1799)
Otto Wilhelm von Stackelberg (1727-1767)
Christina Wilhelmine Margaretha von Stackelberg (1753-1839)
Gustav Wilhelm von Toll (1729-1807)
weitere Kinder: Anna Elisabeth von Stackelberg; Hedwig Eleonore von Rubusch; Karl Gottlieb von Stackelberg; Otto Matthias von Stackelberg; Maria Magdalena von Stackelberg, Eleonore von Stackelberg
Christina Renata Jordan (* von Stackelberg, 1773-1826)
Johann Georg Daniel Jordan (1764- 1824)
weitere Kinder: Ottilie Wilhelmine Henriette von Römlingen; Anna Eleonora Karoline von Toll; Wilhelm Ludwig Eduard von Toll
Julie Caroline Elisabeth Maack (*Jordan,1805-1883)
Carl Gottlieb Maack (1792-1869)
Jenny Alide von Waeber (* Maack, 1851-1921)
Carl Friedrich Theodor von Waeber (1841-1910)
weitere Kinder: Carl August Maack; Richard Otto von Maack; James Edward Maack; Wilhelmine Amanda* Maack; William Robert Maack; Alexander Nicolai Maack; Iduna Marie Maack; Harry Oscar Maack; Molly Elisabeth Grimm; Nelli Emilie Maack; George Eduard* Maack; Alexander Theodor Maack
© Annika Heinrich

아니카 하인리히가 도표로 작성한 글뤽–배버–마크 가문의 가계도.

관련 링크와 일러스트레이션

위: 에드발렌 교회의 현재 모습(http://wikimapia.org/7419430/Edole-Evangelic-Lutheran-church#/photo/279126).
아래 왼쪽: 에른스트 글뤽의 초상화(https://media2.nekropole.info/2015/05/Ernsts-Gliks.jpg).
아래 오른쪽: 예카테리나 1세의 초상화(https://de.wikipedia.org/wiki/Katharina_I._(Russland)#/media/Datei:Catherine_I_of_Russia_ 0459.jpg).

위: 1900년경 루터 교회를 중심으로 본 리바우 시내 풍경(http://www.libau-kurland-baltikum.de/Libau_Kurland/libau_kurland.html).
아래: 리햐르트 칼로비치 마크(https://de.wikipedia.org/wiki/Richard_Karlowitsch_Maack#/media/Datei:Richard_Karlovic_Maack.jpg).

국제적 격변기 동아시아에 부임한 러시아 외교관 배버

동아시아에서 여러 민족이 열심히 추진하는 일을 유럽인들이 알고 있어야 예의가 아닐까?

—프란시스 노엘

배버가 외교관으로 활동한 시기는 정치적 혼란기였다. 조선 왕실이 정치적·경제적으로 약화된 상태였고 거대한 도전에 직면한 상황이었다. 왕실의 권력다툼으로 19세기 초에 이미 각 지방에서 민란이 일어났다. 청국과 일본이 조선에서 세력을 넓혔고 대외적으로는 서구 열강이 개항을 요구하며 조선을 압박했다. 철종1831-1864이 1864년에 후사 없이 붕어하자, 왕실 방계 자손 중에서 갓 열두 살이 된 이명복(고종)이 왕위에 올랐다. 미성년의 고종을 대신해 친부 흥선 대원군1820-1898이 1864년부터 1873년까지 섭정을 했다. 대원군의 확고한 목표는 강력한 절대 왕조 확립이었다. 대원군은 명문 사대부가의 영향력에서 벗어나기 위해 투쟁했다. 심지어 유교 서원들까지 철폐했다. 당파 싸움의 근원이 유교 서원과 사대부 세력에 있다고 판단했기 때문이다.

대원군은 대외적으로 서구 세력을 차단하는 강력한 쇄국정책을 시행했다. 1866년 프랑스 선교사들이 조선에 들어오자 외세를 배격하는 척화비를 세웠다. 농부와 향반 중심으로 새로운 종교 운동인 동학이 큰 호응을 얻었다. 1860년 최제우1824-1864가 제창한 동학운동은 한편으로는 서양의 가톨릭 포교에 대한 반작용이었다. 동학은 유교와 불교, 무속신앙 전통과 연관된다. 다른 한편으로 동학 운동가들은 사회혁명적 사상을 기반으로 유교적 사회질서에 대해 문제를 제기했다.

대원군은 나라를 평정할 수 없었고 1873년에 아들 고종에게 권력을 이양했다. 1866년에 민치록의 여식 민자영이 젊은 고종의 중전으로 간택되었고, 후일 명성황후1851-1895로 추존되었다. 대원군은 중전 민씨가 정사에 별 관여를 하지 않으리라 예상했으나 젊은 중전은 교묘하게 정치적 세력을 확장하여 시부 대원군에 대항하는 만만치 않은 반대 세력을 형성했다. 일본의 내정간섭에 대항하기 위해 중전은 러시아의 지원을 받았고 외교 문제에서 배버를 예측 가능한 파트너로 평가했다.

중전과 추종세력은 왕실을 유지하면서 조선을 현대화하고자 했다. 이러한 목표를 이루기 위해서는 개항하여 서양과 무역을 해야 했다. 이미 개항을 한 일본은 서구 열강에 비견되는 식민제국주의 국가로 부상하였으나 조선은 1876년에 일본과의 통상조약(강화도 조약)이 강제 체결되면서 쇄국 정책에 마침표를 찍었다. 강화도 조약에 따라 조선의 몇몇 항구도시에 특혜 받은 일본 상인들이 정착했다. 조선의 상국으로 군림했던 청국은 이러한 추세가 자국의 국익 차원에서 손해라고 판단했다. 그리하여 조선에서 일본과 러시아의 영향력을 약화하기 위해 청국 정부는 서양 각국과 협약을 맺도록 중재했다. 그 결과 미국과 통상 조약1882을 체결하게 되었고, 영국과 독일1883, 이탈리아와 러시아1884, 프랑스와 오스트리아1886와 조약이 뒤를 이었다. 이 과정에서 대원군이 서장자 이재선에게 왕위를 선위하는 계획을 세워 1881년에 재집권을 시도했지만 실패했다. 고종과 중전은 청국에 지원을 요청했고 청국 군대는 대원군을 베이징으로 압송하여 1885년까지 억류했다. 1894년 갑오개혁이 일어나면서 대원군은 고종과 중전의 반대를 무릅쓰고 일본의 도움으로 비로소 다시 국정에 영향력을 행사하게 되었다. 일본에 의해 3단계로 추진된 갑오개혁(교육, 조세, 군대 및 법제의 현대화)의 양면성은 특히 대다수 백성의 저항에 직면한다. 백성들은 전통복식의 변화와 단발령에 반발했다. 이러한 현대화 시도가 일본의 조선 강점 계략의 일부였다는 사실을 잊지 말아야 한다.

일본과 청국 재임 중에 조선 부임을 준비하던 배버는 조선 정치 상황에 얼마나 복합적인 문제가 얽혀 있는지 절감한다. 갑신정변 과정에서도 문제는 명백히 드러난다. 1884년 일본의 도움으로 조선의 현대화를 추진할 수 있다고 믿었던 젊은 사관생도들이 봉기했다. 조선을 선점하려는 청나라와 일본의 긴장이 고조되었다. 봉기가 겨우 3일천하로 끝났지만 이 사건은 1885년 청나라와 일본이 톈진조약을 체결하는 계기가 된다. 이 협약을 종종 '리-이토 협약'이라고 약칭한다. '청국의 비스마르크'라고 불렸던 리훙장이 청국 대표로, 이토 히로부미가 일본 대표로 조약에 서명했다. 이 외교 협약으로 청국은 조선 정치를 계속 통제할 수 있게 되었고 일본도 조선을 강점하겠다는 목표에 한발 다가섰다. 조선 영토에서 청국과 같은 군사력을 행사할 수 있게 된 것이다.

어디를 가든지 마음을 다해서 가라. —공자

3.1.

요코하마 재임기(1874–1875)와 톈진 재임기(1876–1884)

중국학을 전공한 외교관 카를 폰 배버는 동아시아 전문가로 알려지게 되었고 정치적으로 혼란했던 1874년에 요코하마 부영사로 부임했다. 부인 유제니가 동아시아로 함께 이주해서 적극적으로 내조했다. 배버 부인 유제니는 화술에 능했고 리셉션, 외교 만찬 등 각종 행사를 잘 조직해서 늘 찬사를 받았다. 손님을 환대하는 배버 가족은 외교계에서 사려 깊은 중재자로 이름이 났다. 유제니의 친오빠 제임스 마크James Maack의 인물 사진은 요코하마의 유명한 펠리체 베아토 사진관에서 촬영한 것이다. 이 책에 실린 요코하마 사진들은 베아토가 사진에서 연출한 당대의 일본풍을 잘 보여준다.

배버는 1876년에 톈진 주재 러시아 공사로 부임해 1884년까지 재직했다. 여기서 묄렌도르프 형제와 만나게 된다. 파울 게오르크 폰 묄렌도르프Paul Georg von Möllendorff, 오토 프란츠 폰 묄렌도르프Otto Franz von Möllendorff, 1848-1903와 배버의 활발한 교류가 시작되었다. 두 형제 모두 외교관이자 학자였다. 오토 묄렌도르프는 베이징 주재 독일 외교관으로 재직하면서 독일어 통역관으로 활동했다. 오토는 조선에서 잘 알려진 파울 게오르크 폰 묄렌도르프Paul Georg von Möllendorff, 1847-1901의 동생으로 동물학자이자 지리학자였다. 1881년 베를린의 유명 출판사 라이머Reimer에서 바이마르 출신 지도제작자 리햐르트 키퍼르트Richard Kiepert, 1846-1915와 함께 『베이징 북서쪽 산악지대 사진집』과 『중국 톈진 근교 향촌여행』을 출간했는데 거기에 지도도 다수 수록했다. 또한 카를 고트셰Carl Gottsche 박사의 요청으로 1887년 『독일 연체동물학회 연감』에 '코리아의 육지 달팽이'에 관해 최초로 기고했다. 오토 묄렌도르프는 배버에게 좋은 대화 상대였다. 오토 묄렌도르프가 후일 조선을 방문할 정도로 지리학자 배버와 오토 묄렌도르프의 교류는 오랫동안 지속되었다. 오토 묄렌도르프는 1890년경에 상트페테르부르크 황실학술원 산하 동물박물관에서 전문 감정사로 활동했다. 배버는 황실학술원과도 평생 좋은 관계를 유지했다.

배버 재임기에 톈진은 이미 분주하게 돌아가는 도시였다. "무역과 상업이 활발하고, 강변에 철도역이 있으며 아름다운 유럽인 거주구역과 경마장을 갖춘 도시." 탐험작가 오토 엘러스Otto Ehlers, 1855-1895가 묘사한 톈진의 모습이다. 이곳에는 유럽-미국의 해운세관 지부가 있었고 구스타프 데트링Gustav Detring, 1842-1913이 해운세관장이었다. 데트링은 중국 세관 총괄 책임자 로버트 하트Robert Harth, 1835-1911만큼이나 현지에서 영향력 있는 외국인이었다. 독일인 데트링은 청국 세관에서 영국 관련 업무에 종사하면서 여러 해 동안 톈진의 영국 시의회장을 지냈다. 또한 그는 청조 말기의 거물급 정치가 리훙장1823-1901의 후원을 받아 톈진 최초로 자갈도로를 놓을 수 있었다. 오토 엘러스가 남긴 이 도시의 묘사를 보면 데트링의 업적이 그려진다. 데트링은 최초의 시립회관Gordon Hall, 빅토리아 공원, 화이허 물길 공사에 관여했다. 대학을 설립했고 자신의 이익을 도모하기 위해 군대 개혁, 서양식 우편제도 도입, 독-중 관계 강화

등을 비롯한 여러 사안에 영향력을 행사했다.

촬영시점이 1877-1878년으로 추정되는 사진을 보자(88쪽 사진 자료 참조). 여러 나라에서 온 직원들이 세관에 근무했다는 점을 알 수 있다. 당시로서는 특이한 일이다. 관세청장 데트링 휘하에 헝가리, 미국, 포르투갈, 영국, 프랑스, 독일 국적의 직원들이 근무했다. 이 오래된 사진을 보면 데트링 옆에 파울 묄렌도르프도 있다. 그는 톈진 중국 해운세관에 취직해 지방 파견 업무를 담당했다. 독일 영사관 별정직 통역관으로 근무하다가 1879년 톈진 독일 영사대리직을 수행했다. 1882년에 파울 묄렌도르프는 리훙장의 막료가 되었다. 청국 최고 '실권자'이자 중요한 개혁가 리훙장은 서구식 모델을 따라 함대, 무역, 광산과 산업을 현대화하였다. 이를 염두에 두고 묄렌도르프, 데트링, 막스 폰 브란트1835-1920는 리훙장과 좋은 관계를 유지했다.

카를 폰 배버는 청국에서 독일 외교관 파울 게오르크 폰 묄렌도르프를 처음 만났다. 파울 묄렌도르프는 당시에 독일어권에서 가장 진보적인 대학에 속하는 할레 대학교를 졸업했다. 배버와 지적인 공감대를 형성한 묄렌도르프도 우수한 중국학자였다. 대학 시절 학과 간 경계를 뛰어넘어 철학, 자연과학, 정치학, 경제학에 걸쳐 여러 현안에 관해 논쟁했다. 예컨대 뛰어난 신학자로 교회정치가이자 히브리어 전문가인 프리드리히 아우구스트 톨룩Friedrich August Tholuk, 1799-1877, 법학자 하인리히 데른부르크Heinrich Dernburg, 1829-1907, 만주 전문가로 알려진 언어학자 아우구스트 프리드리히 포트August Friedrich Pott, 1802-1887의 강의를 수강했다. 할레 대학교는 마르틴 루터Martin Luther, 1483-1546와 경건주의자 아우구스트 헤르만 프랑케August Hermann Francke, 1663-1727의 전통을 계승했다. 할레 대학교의 융합형 커리큘럼은 학과 간 경계를 허물고 세계를 향한 개방성을 지향했다. 이러한 점은 묄렌도르프가 후일 조선에서 활동할 때 중요한 자산이 되었으며 발트독일인 배버의 폭넓은 교양과 경건주의적인 삶의 태도와도 연결고리를 갖는다. 서로 가치관이 맞는 두 외교관이 신뢰 관계를 쌓게 된 것을 알 수 있다. 하지만 파울 묄렌도르프는 배버만큼 노련한 외교관은 아니었다. 묄렌도르프의 외교적 미숙함은 조선에서도 확인된다. 1882년 11월 30일 청국 정부가 조선 임금을 보필하기 위해 소위 '외교고문'을 조선에 파견할 예정이라고 톈진 주재 독일 영사관이 보고했다. 파울 게오르크 폰 묄렌도르프가 외교고문으로 선발되었다. 그는 이미 1882년 10월 12일에 조선을 방문한 경험이 있다. 1882년 12월 26일 묄렌도르프는 처음으로 유교식 의전을 엄수하며 고종을 알현하고 중국어로 예를 표했다. 고종 임금의 윤허하에 묄렌도르프는 초보 조선말로 짧은 연설을 하며 프로테스탄트 귀족다운 혁신적 역동성을 보여 주었다. 하지만 다른 문화권의 사고방식에 대한 배려가 없이 독불장군 행보를 보이기도 했다.

이 시기에 배버는 한족계 거물급 중신이자 청국의 비스마르크라는 별칭을 가진 리훙장1823-1901을 만났다. 개혁가 리훙장은 1896년에 미국, 영국, 독일, 러시아 프랑스를 순방했다. 오토 폰 비스마르크Otto von Bismarck, 1815-1898가 프리드리히스루Friedrich-sruh성에서 리훙장을 접견한 기록이 남아 있다.

러시아 공사 배버는 톈진 재임기에 미래를 예견하고 조러수호통상조약을 준비하며 조선 사절단과 접촉했다. 러시아의 국익을 위해 배버가 거시정치적 시각으로 넓은 외교망을 동원했다는 것을 짐작할 수 있다.

배버 부부와 외교관들이 이 시기 톈진의 사석에서 함께 찍은 사진은 몇 장 안 된다. 1883년 톈진의 키르히호프Kirchhoff 사진스튜디오에서 전형적 중국 가옥을 배경으로 촬영한 사진(90쪽 사진 자료 참조)은 외국인 거주지역의 구성원들을 보여 준다. 톈진에는 외교관과 기업가들 외에도 서양 선교사들이 다수 거주했다. 카를 폰 배버가 두 신사와 함께 두뇌 회전을 요하는 장기를 두는 모습을 촬영한 사진이 있다. 배버 부인, 보모 손탁, 배버의 두 아들, 톈진에 거주하던 외국인들이 경건한 분위기에서 독실한 성직자들과 함께 촬영했다.

국제적인 환경에서 활동한 배버는 이국 문화에 대해 개방적인 외교관이었다. 그는 파울 게오르크 묄렌도르프와 교분을 쌓는다. 두 외교관은 독일인이라는 공통분모와 학문적 공동 관심사로 연결되어 더 가까워졌다. 게다가 두 사람 다 조선과 밀접한 관련을 맺게 된다. 조선에 가기로 한 결정은 무엇보다 감정에 이끌린 결정이었다. 이 모든 것이 조선과 러시아의 관계에 영향을 미쳤다. 묄렌도르프가 보낸 1884년 2월 11일자 편지를 읽은 배버는 조선이 러시아와의 국경무역에 관한 조약에 긍정적이라는 점을 알게 되었다. 러시아의 저명한 한국학자 타탸나 심비르체바Tatjana Simbirtseva 교수는 2001년 논고Transactions, Vol. 76에서 러시아 제국이 묄렌도르프의 외교적 중재를 높이 평가했다는 점을 밝혔다. 파울 게오르크 폰 묄렌도르프가 조러수호통상조약 체결에 기여한 공로로 1885년 10월 16일에 세인트안나 훈장(제2급)을 수훈했다는 러시아측 기록을 심비르체바 교수가 최초 공개했다. 1884년 6월, 배버는 전문가 약 스무 명을 대동하고 소형 선박 '스코벨레프'에 승선해 조선으로 향했다. 조선 외무부가 긍정적인 입장이고 제물포로 환영사절단을 파견할 예정이라는 정보를 묄렌도르프가 사전에 배버에게 전해 주었다. 배버는 도착 나흘 만에 벌써 조선 외무대신을 공식 접견했다고 한다. 1884년 7월 7일 한양에서 러시아 대표 배버가 조러수호통상조약에 서명하였고 조약 체결 하루 뒤에 배버는 처음으로 고종을 알현했다. 고종은 조러 관계가 가까워진 것으로 판단해서 조약을 승인했다. 복잡한 외교적 상황에서, 특히 일본과 청국이 조선에서 더 큰 영향력을 확보하기 위해 세력다툼 중이었기 때문에 고종의 메시지는 중요하다. 고종이 외교적 균형을 추구했기 때문에 배버, 브랑엘 후작Baron von Wrangel의 비서, 정박 중이던 러시아 군함 소속 군관들에게 알현 기회를 준 것으로 판단된다. 배버는 조선과 러시아의 정치적·지리적 위치가 두 나라의 정치 미래를 위해 중요하다는 사실을 일찍 깨달았다. 그는 러시아 외무장관 니콜라이 칼로비치 기어스Nikolai Karlowitsch Giers, 1820-1895에게 이 점을 고려해서 러시아 외교를 확장하고 조선의 정치를 존중할 것을 청원하였고 장기적으로 조선 영토를 러시아에 복속하는 방향으로 조선의 대외정책을 유도했다. 카를 폰 배버의 정치적 계산과 외교술이 작용한 지점이다.

외교관, 전문가들과 배버 부부 단체 사진. 1874년.

위: 마크 숙부. 일본의 베아토 펠리체 사진관에서 촬영.
아래: 카를 폰 배버 부부 상반신 사진.

배버, 배버 가족, 손탁, 톈진의 성직자들 단체 사진. 1883년경.

관련 링크와 일러스트레이션

위 왼쪽: 톈진의 청국 해운세관 외국인 직원들(https://members.tip.net.au/~phodge/CIMC%20Photo%20Gallery.htm).
위 오른쪽: 구스타프 데트링(https://www.hpcbristol.net/visual/hv35-48).
아래 왼쪽: 비스마르크와 리훙장(https://de.wikipedia.org/wiki/Li_Hongzhang#/media/Datei:LiHungTschang.jpg).

위 왼쪽: 리햐르트 키퍼르트(바이마르 출신의 지리학자이자 지도 제작자)(https://de.wikipedia.org/wiki/Richard_Kiepert).
위 오른쪽: 오토 프란츠 폰 묄렌도르프(https://en.wikipedia.org/wiki/Otto_Franz_von_M%C3%B6llendorff#/media/File:Otto_Franz_von_Mollendorff.jpg).
아래 왼쪽: 파울 게오르크 폰 묄렌도르프(https://de.wikipedia.org/wiki/Paul_Georg_von_M%C3%B6llendorff).
아래 오른쪽: 오토 에렌프리트 엘러스(https://de.wikipedia.org/wiki/Otto_Ehrenfried_Ehlers).

가능한 것을 이루기 위해서는 불가능한 것에 도전해야 한다. –헤르만 헤세

3.2.

조선에 부임한 러시아 공사 배버:
발트독일인 외교관 배버와 가족

1885년, 카를 폰 배버는 가족과 함께 선편으로 뉴욕으로 이동한 후 증기선 '뉴욕시티'를 타고 샌프란시스코에서부터 일본으로 항해했다. 일본에 당도한 배버 가족은 러시아 군함 라스보이닉호에 승선해 조선으로 향했다.

1885년 9월 24일 조선 주재 러시아 공사 겸 총영사로 임명된 배버는 가족과 함께 한양에 도착해서 러시아 외무장관 니콜라이 칼로비치 기어스가 부여한 신임장을 제정했다. 러시아가 배버를 조선 주재 러시아 공사로 임명함으로써 양국 우호 관계 확대 및 강화를 위해 노력하겠다는 점을 강조한 내용의 신임장이다.

한양에 도착한 직후에 배버는 복잡한 정치 상황에 직면했다. 대외적 상황이 변했기 때문이다. 1885년 2월에 이미 묄렌도르프는 고종을 설득해 도쿄 러시아 영사관에서 밀약을 맺었다. 러시아가 조선의 보호 세력이 되어서 조선으로 하여금 청국, 일본, 영국의 강력한 영향력에서 벗어나 외교적 중립을 지키게 한다는 내용이다. 하지만 계획

은 실패했다. 당시 아프가니스탄에서 러시아와 대치 중이던 영국이 러시아가 강해지는 것을 우려했기 때문이다. 조선의 외교적 중립을 유도하려던 러시아의 시도는 빛이 바랬다(Lensen, 1982 참조). 청국을 상국으로 여긴 대원군이 1885년 10월 초에 한양으로 귀환하자 압박을 받은 고종이 협약을 수정하고 과욕으로 일을 추진한 묄렌도르프를 해임해야 했다. 배버처럼 조선에 정이 들었던 묄렌도르프는 조선의 외무협판직에서 해임되고 1885년에 조선을 떠나게 되었다.

부임 초부터 배버는 한양 주재 각국 외교관들과 좋은 관계를 맺기 위해 노력했다. 마리 앙투아네트 손탁은 배버의 1879년생 차남 오이겐의 보모 자격으로 조선에 왔다. 손탁은 배버 부인과 함께 배버의 외교 활동을 도왔다. 당시에 많은 서양 외교관들이 가족을 동반하지 않고 조선에 체류했기 때문에 외교관 배버 관저 초대는 각국 외교관의 사회생활에서 뜻깊은 시간이었다. 러시아 건축가 아파나시 세레딘-사바틴 Afanasy Seredin-Sabatin, 1860-1921이 남긴 편지 여러 통에서 배버 부인이 손님을 환대하는 안주인이라고 썼다. 외교관, 서양 선교사들, 선교사 가족과 함께 모여 배버 관저에서 무도회와 음악회도 열었다고 기록했다(Pak, 2013 참조). 1897년에 발간된 잡지 〈코리안 리퍼지터리The Korean Repository〉는 배버 부인을 "재능이 빛나는 여성"이라고 묘사한다. 배버 부부가 '모든 계층에서' 인기가 많았다는 사실은 놀라운 일이 아니다.

상트페테르부르크 외무성 지시에 따라 배버는 프랑스 공사 빅토르 콜랭 드 플랑시 Victor Collin de Plancy, 1853-1924가 조선에 부임하기 전까지 프랑스 측 업무를 책임지고 대리 수행했다. 국제 커뮤니티가 배버를 얼마나 신임했는지 알 수 있다. 프랑스 정부는 명예 군단 장교 훈장을 수여하여 배버의 노고를 치하했다. 러시아 역사에서 배버는 생산적인 독-러 관계사를 대표하는 외교관으로 평가된다. 일본의 한반도 강점에 앞서 배버가 독일, 러시아, 조선을 연결하는 중요한 연결 고리 역할을 했다는 것이다. 그는 정치, 경제, 문화, 역사, 정신적 사안에 대해 박식했고 다양한 정파에서 존경받았다. 배버 부인은 한양의 배버 관저가 외교관, 선교사, 전문가, 세계 여행가들과 조선 정치가들이 교류하는 구심점이 되도록 힘썼다.

저널리스트로도 활동한 의사 서재필Philip Jaisohn 1864-1951은 조선 독립을 위해 노력했다. 1896년 한양에서 최초로 한·영 양 국어로 〈독립신문The Indipendent〉을 발간했다. 서재필도 여러 차례 배버 관저에 초대받았고 친한파 배버를 높이 평가했다. 미국에서 의학박사 학위를 취득하고 한국인 최초로 미국 시민권자가 된 서재필은 저서 『My Days in Korea and other Essays』에서 동아시아 전문가 배버를 "문화적 소양이 풍부하고 노련한 외교관"이라고 평가했다. 서재필은 배버 부인에 대해 "능숙한 화술과 국제 감각을 겸비한 우아한 여성"이라고 회고했다(Jaisohn, 142, 154쪽).

지금까지는 배버 가족이 1891년경까지 거주했던 구 러시아 외교관저 사진만 공개되었다. 이 책에서 최초로 공개하는 배버의 유품 사진들은 배버 가족이 거주했던 첫 번째 가옥에서 그들이 상당히 검소하게 생활했던 모습을 보여 준다. 검소한 배버 관저를 쾌적하고도 활발한 사교장으로 꾸미기 위해서 배버 부인과 손탁, 두 여인이 얼마나 즉흥적으로 궁여지책을 동원하는 능력을 발휘했을지 짐작할 수 있다. 러시아 공사 예복을 입은 배버가 가족과 함께 촬영한 사진은 특히 귀중한 자료이다. 대표적인 가족 사진으로 평가되기 때문이다. 중앙에 배버가 서 있고 그 옆에 부인 유제니, 아들 오이겐, 손탁이 있다. 1887년 사진은 당대의 가족상을 보여 준다. 유제니는 남편과 가장 가까이 안락의자에 앉아 있다. 어린 오이겐은 전형적인 세일러복을 입었다. 이 복장은 당시 유럽 소년들에게는 모던한 복장이었다. 왼쪽으로 유제니, 오른쪽으로 마리 앙투아네트 손탁 사이에 오이겐이 자리 잡았다. 이 아이만 특정한 움직임을 보이고 복장을 갖춘 어른들은 사진사를 향해 진지하고 경직된 포즈를 취한 모습이다.

약 130년 전의 한양 모습을 담은 사진들도 이 책에서 최초로 공개한다. 당시의 사진 기술로 최대한 한양을 조감한 사진들에서 이 도시의 경관이 드러난다. 몇몇 모티브는 매우 전문적인 시각으로 선택되었다. 사진의 중심에 자연과 산, 가옥들, 한양성문이 조화를 이루어 보는 이를 매료시킨다. 현재 서울에서도 볼 수 있는 전형적인 조선식 지붕들을 특정한 앵글로 포착한 점이 인상적이다. 하르트무트 브래젤 박사가 2012년에 촬영한 사진을 보면 130년 전 외교관 배버가 촬영한 역사적 사진들을 흥미로운 시각으로 보완할 수 있다.

한양의 오래된 우정국의 모습을 담은 대형 장식 사진을 보자. 이 사진은 조선 근대화를 표방한 1884년 갑신정변과 관련된 역사적 맥락에서 중요하다. 미국의 해군장교이자 통역사 겸 외교관으로 재직했던 조지 클레이턴 포크George Clayton Foulk, 1856-1893가 1883년에 촬영한 사진은 위스콘신 밀워키 대학교의 미국 지리학협회 도서관이 소장하고 있다. 포크의 사진은 배버 사진 속의 오래된 우정국과 상징적으로 연결된 정치적 사건들을 암시한다. 사진 앞줄에 1883년 보빙사로 미국에 특파된 정치가 민영익과 홍영식이 있다.

오스트리아 작가 에른스트 폰 헤세-바르텍Ernst von Hesse-Wartegg, 1854-1918이 집필한 여행기 『조선-고요한 아침의 나라로 떠난 1894년 여름여행Verlag Carl Reissner, Dresden & Leipzig 1895』을 보자. 한양에 온 최초의 미국 의사 호러스 앨런 박사Dr. Horace N. Allen의 기억에 따르면, 1884년 4월에 조선 정부가 홍영식1856-1884을 우정국 총판으로 임명하고 그해 12월 우정총국 실내에서 개국축하연을 할 때 일어난 대형 돌발 사건의 현장이 묘사된다. 청부살해 지시를 받은 자객이 잠입해 거짓 구실을 꾸며대고 정치가 민영익1860-1914을 밖으로 꾀어내어 중상을 입힌다. 엄청난 혼란이 일어났다. 사람들은 낯선 양의에게 부상자 치료를 맡기려 하지 않았다. 이 상황에서 앨런 박사는 조선 세관에 근무하는 '풍채 좋은 독일 남자'에게 도움을 청했다. 그가 바로 하인리히 뫼르젤Heinrich Mörsel, 1844-1908 선장이다. 앨런 박사가 부상자에게 다가갈 수 있도록 뫼르젤이 완력으로 길을 터 주었다. 민영익은 중상을 입었지만 앨런 박사 도움으로 생명을 구할 수 있었다. 이 사건이 알려지자 미국 의사 앨런은 한양에서 대단한 명성을 얻었고 많은 조선 사람들이 그에게 치료받기를 원했다. 환자들이 몰려들자 조선 정부는 미국 공사관의 권유를 받아들여 갑신정변 후 폐쇄된 우정총국 건물을 한시적으로 병원으로 사용하도록 허가했다.

시간적으로 나중에 촬영한 것으로 보이는 배버 유품 사진을 보자. 전통 건물 옆에 흰옷을 입은 다양한 계층의 조선인을 볼 수 있다. 서양 신사들과 한 여성, 두 대의 인력거가 사진의 구도를 완결시킨다. 우정국은 교류의 장으로 묘사되었다. 이 사진에서 어떤 메시지를 전달하거나 신기술 도입을 의식적으로 기록하려는 의도가 보인다. 클리셰와 개혁 사이에 놓인 조선의 모습을 관찰할 수 있다. 전문적으로 촬영한 옛 사진에서 자국 문화규범과 이국 문화에 대한 관찰이 서로 충돌하고 전통과 현대 사이의 뒤엉킨 문제들이 드러난다.

유품 사진들은 카를 폰 배버가 정치사회적 혼란기에 조선에 왔다는 사실을 특별한 방식으로 명확하게 기록하고 있다. 우리는 당시로부터 한 세기가 지난 시점에서 백여 년의 경험이 축적된 관점으로 당시의 혼란기를 관찰하고 있다.

위: 한양의 구 러시아 공사관.
아래: 한양의 구 러시아 공사관과 공사관 직원들.

한양의 구 러시아 공사관 앞에 선 배버의 차남 오이겐 폰 배버.

1887년경 한양에서 배버 부부, 차남 오이겐, 손탁.

위: 한양의 기와지붕 조감 사진.
아래: 2012년 서울의 한옥 지붕들. 하르트무트 브래젤 박사가 촬영.

한양 우정국.

하르트무트 브래젤 박사가 촬영한 2012년 서울의 한옥 지붕들.

1883년 방미 보빙사 사절단 단체 사진. 전권대신 민영익과 전권부대신 홍영식. 1883년 G.C. 포크 촬영 (https://www.wdl.org/en/item/14128/view/1/1/).

사진은 현실이 아니다. 사진이 비로소 현실을 만든다. —게르하르트 쾨프Gerhard Köpf

3.3. 배버 가족의 코리아 앨범: 한 시대의 기록

배버 가족의 코리아 앨범에는 사진 46장이 들어 있다. 그중 일부는 전문 사진사가 촬영한 사진이 아니다. 아마 배버가 직접 촬영한 것 같다. 이 앨범은 1885년부터 1897년까지 조선에서 지낸 세월을 추억하기 위해 개인적으로 만든 사진첩이다. 그래서 배버의 앨범에 담긴 사진들은 우리가 익히 보았던 연출된 한양 일대 사진들과 다르다. 이 책에 수록된 초기 사진들을 보자. 상업적 사진이 아니라는 점에서 앵거스 해밀턴Angus Hamilton, 1874-1913, 노베르트 베버Norbert Weber, 1870-1956, 오토 엘러스Otto Ehlers, 1855-1895와 같은 저널리스트, 선교사, 여행자들이 이 시대 이후에 촬영한 한양 일대 사진들과 차별점이 있다.

거북이 상감 세공에 라크칠을 한 앨범 표지는 당대의 취향을 반영한다. 사진들은 크기가 다르고 관련 메모가 쓰여 있지 않다. 15장의 사진만 번호가 있다. 이 시기에 휴대 가능한 소형 카메라가 보급되면서 사진 촬영이 부유층의 취미로 부상했다. 이 점을 보면 배버 앨범 사진들은 전문 사진사가 촬영한 것이 아니라고 추정할 수 있다.

사진 모티브가 특이하고 촬영 기술이 부족한 부분이 있다. 전문적인 사진이 아니라는 추정을 뒷받침해 준다. 바로 그 점이 컬렉션의 독특함을 부각시킨다. 26장의 사진을 보면 산, 나무, 자연풍광, 이 도시의 지붕들을 조감한다. 이 모티브들은 지리학자 배버의 관점을 보여 준다. 지리학자의 눈으로 주변 환경을 촬영했고 지도로 제작했다. 베버의 지도 제작은 헤르만 라우텐자흐Hermann Lautensach 1886-1971보다 앞섰고 카를 크리스티안 고트셰Carl Christian Gottsche, 1855-1909와 비슷한 시기였다. 이 자리에서 독일 킬 대학교의 한국지리학자 에카르트 데게 교수께 진심으로 감사드린다. 이 분야의 명망 있는 연구가인 데게 교수의 전문적인 조언 덕분에 배버 유품 사진들을 제대로 분류하고 특정할 수 있었다. 각각의 풍경 사진 설명은 데게 교수가 서면으로 보내 준 내용에 따른 것이다.

두 부분으로 구성된 파노라마 사진 1은 정동 넘어 북쪽을 향한 시각을 보여 준다. 정동을 넘어서 덕수궁 바로 서쪽, 예전에 서양 공사관들이 모여 있던 곳이다. 이 사진은 분명히 1890년 이전에 촬영된 사진이다. 신축 러시아 공사관이 사진에 없기 때문이다. 사진 가운데 기와지붕들은 미국 공사관이다. 자세히 보면 미국 성조기 게양대까지 보인다. 미국 공사관은 1974-1976년에 철거되었고 다시 한국 전통 양식으로 신축되었다. 현재 주한 미국 대사관저 건물이다. 배경에는 둘러선 산들이 보인다. 이 산들이 한양 북쪽을 둘러싸고 있다. 사진의 왼쪽 가장자리에 한양성 성벽이 보인다. 이 성벽은 인왕산388m 능선을 따라 올라가 오른편으로 꺾인다. 사진 오른쪽 피라미드 형상의 거대한 산은 북악산342m이다. 다양한 위치에서 북악산을 촬영했다.

배버는 지리학적 관점에서 세밀한 촬영을 시도했다. 특히 파노라마 사진이 이 점을 보여 준다. 파노라마 사진은 기술적 이유로 사진이 두 부분으로 나뉘어 있다. 한양 일대의 초기 사진들은 배버의 지리학 저작물과 상호보완 관계를 보여 준다. 이 분야에 대한 배버의 깊은 관심을 알 수 있다.

배버 가족의 코리아 앨범에 수록된 다른 사진들을 데게 교수가 전문적으로 분석했다. 데게 교수의 분석은 지리학자 배버가 한양 일대를 바라본 다층적 시각을 분명하게 보여 준다. 이 사진들은 아마도 1885-1897년에 촬영한 것으로 추정된다. 1910년 일제 강점 이전에 쇠락한 한성부의 모습을 보여 주는 한국의 문화재들이다. 1585번 사진은 한양의 사소문 중 한 곳이다. 아마도 서북쪽의 자하문(창의문)인 것 같다. 1597번 사진은 잘 알려진 한양 남대문의 초기 사진이다. 말 그대로 자로 재듯이 정밀하게 한양을 카메라에 담은 배버의 사진은 우리를 열광시킨다. 1602번 사진에는 어수문이 있고 주합루와 창덕궁 안쪽 비원의 서향각이 있다. 1613번 사진에는 카메라의 시선이 현재 세종로인 육조거리, 광화문을 향한다. 사진 왼쪽의 압도적인 모습의 산은 북악산342m이다.

1619번 사진에서 배버는 흥미로운 시각을 선택한다. 예전 경희궁에서부터 북동쪽으로 경복궁을 앵글에 담았다. 경복궁의 남문 광화문이 분명하게 보인다. 근정전의 중층 지붕과 다른 전각들의 거대한 지붕이 보인다. 상하이에 체류하던 독일 전문가 아우구스트 매르텐스August Maertens가 조선에 와서 1884년에 경희궁의 여유 공간에서 양잠을 시도했다. 파울 묄렌도르프가 메르텐스를 섭외해 조선 왕실에 추천했다. 양잠 산업으로 조선의 발전에 기여한다는 취지로 시작했으나 1891년경에 폐지되었다고 한다. 이 사실에 근거해서 사진 촬영 시점을 가늠해 볼 수 있다. 길게 뻗은 전각 앞에 뽕나무가 늘어선 모습이 분명하게 보인다.

지리학과 민속학에 관심을 기울인 외교관 배버가 포착한 다양한 사진 모티브가 앨범의 다른 사진에도 명확히 표현된다. 1590번 사진의 북한산성은 보국문 쪽에서 촬영했다. 앞쪽에 태고사가 보이고, 사진 오른쪽 가장자리에 노적사가 보인다. 1610번 사진은 북한산성문, 안쪽 문 중성문이다. 1611번 사진은 화강암으로 이루어진 북한산의 모습이다. 노적봉716m과 백운대837m가 이 시리즈를 완결한다.

앞서 언급했듯이 배버의 사진은 흔히 볼 수 있는 당대의 클리셰 사진들과 달리 과거에 대한 새로운 관점을 열어 준다. 1606번 사진은 자연의 요소들을 융합한다. 큰 나무들이 보이면 근처에 왕릉이나 사찰이 있다는 것을 짐작할 수 있다. 왕릉이나 사찰 주변 나무들은 벌목하지 않고 보호했다. 한양 외곽의 마을을 촬영한 1603번 사진은 L자나 U자형의 전형적인 경기도 농가 모습을 보여 준다.

1596번 사진은 자주 가던 산책길에서 촬영한 것으로 추정된다. 배버가 신사 두 명과 함께 산등성이 풀밭에서 여유롭게 휴식하는 모습이다. 130여 년 전에 배버는 한양 일대 자연의 아름다움을 발견했다. 조선의 자연은 배버 앨범에서 두드러지는 구심점이다. 그뿐만 아니라 러시아 소장 자료들을 통해 배버 관저 살림을 도왔던 마리 앙투아네트 손탁이 조선에서 식물학 연구를 했다는 사실을 알아낼 수 있었다. 손탁이 한양 일대에서 채취해 제작한 식물 표본은 현재 상트페테르부르크 연구소에 소장되어 있다. 관련 내용은 3.7장에서 상세히 설명한다.

지관이 지세를 보는 장면도 예의를 갖추어 촬영했다(1598번 사진). 지관이란 한국의 전통적 풍수지리 사상에 따라 도읍과 가옥의 터 혹은 묫자리를 정하는 풍수지리전문가이다. 풍수 좋은 자리를 정할 때는 하늘과 땅의 조화가 매우 중요하다. 과거에 지관들은 한양터를 조선의 도읍지를 세울 이상적인 터전으로 선택했다. 앞에는 강이 흐르고 북쪽의 북한산, 남쪽의 남산, 동쪽의 낙산, 서쪽의 인왕산으로 둘러싸인 배산임수 지세이기 때문이다. 풍수지리에서 산을 '누워 있는 용'으로 보고 물을 삶의 에너지로 본다. 그래서 묫자리를 좋은 곳에 마련하는 것은 온 가족이 고인의 은덕을 기린다는 표현이다. 언덕에 올라 수맥추를 들고 있는 지관을 촬영한 사진이 있다. 아마도 배버가 휴식할 때 한양 근교에서 자주 산책한 장소로 보인다. 조선말을 하는 외국인 배버를 아이들이 그곳으로 안내한 것 같다.

배버는 흔한 모티브(도성의 성문, 시장, 조선 백성들이 일하는 모습, 한복 입은 조선 여인 등)를 선택하지 않았다. 바로 그 점에서 배버의 사진이 역사적 가치를 갖는다. 우리가 흔히 아는 익숙한 동아시아 이미지를 배버 앨범에서 찾는다면 헛수고이다. 이러한 고정된 이미지는 종종 이국적 클리셰로 작동하지만, 정작 동아시아에 대한 지식을 넓혀주지는 못한다.

사진 16장은 사찰들(예컨대 석조 미륵보살입상이 있는 논산의 관촉사), 주거지역, 시장, 성벽, 바다 풍경, 강변 풍경을 담고 있다.

데게 교수에 따르면 두 번째 파노라마 사진은 한양 마포나루 사진이다. 사진 오른쪽 가장자리는 절두산일 것이다. 대원군은 1866–1873년에 초기 가톨릭 신자들을 참수했다. 현재 이 언덕 위에 절두산 순교자 성당이 있다.

수많은 사진에서 조선 사람들은 관찰자에게 거리를 둔 채 주변 환경과 조화를 이룬 모습으로 렌즈에 포착된다. 흰옷 입은 조선인들은 사진의 중심이 아니라 사진의 조화로운 일부가 된다.

사진 한 장만 제외하면 원칙적으로 근접 촬영은 하지 않았다. 1579번 사진에서 사대부들은 심각한 표정으로 카메라를 응시한다. 류우익 교수 견해에 따르면 이 사진은 유교 교육기관의 사진일 것이다. 젊은 학생들은 서열에 따라 뒷줄에 서 있다.

산중의 사찰 앞에서 활과 화살을 든 조선인 여럿이 무리지어 서 있는 사진을 보자(1581번 사진). 배버는 주재국 조선의 생활 방식과 전통에 대해 집중적으로 공부했다. 조선에서 활쏘기의 의미가 무엇인지 잘 알고 있었다. 활과 화살은 조선 왕조1392-1910 초기에는 전쟁 무기였고 후기에는 궁궐에서 거행된 유교 의식의 일환으로 높이 평가되었다. 유교를 신봉하는 사대부는 활쏘기를 통해 유교의 가치와 덕목이 실현된다고 보았다. 활쏘기 동작을 잘 하려면 꾸준히 연습해야 하고, 과녁을 향해 완전히 집중해야 한다. 궁수들은 개별 훈련과정에서 유교적 규범을 사회적·개인적·도덕적 분야에 적용하는 것을 배운다. 근대 신무기 도입 이후에 활쏘기는 전쟁의 도구가 아니라 하나의 예술 형식으로 진화했다. 활쏘기 예술은 평정심이나 불굴의 끈기와 같은 심성들을 길러 주었다. 프로이센의 하인리히 왕자Prinz Heinrich von Preussen, 1862-1929가 1899년 대한제국을 예방했을 때 궁수들의 활솜씨에 열광했다고 전해진다. 고종 임금과의 담소 중에 하인리히 왕자가 활쏘기 전통을 장려할 것을 적극 추천했다고 한다. 1988년 서울 올림픽 이래 대한민국 양궁은 세계를 선도하고 있다.

양반 차림의 배버 사진은 이런 맥락에서 특별한 메시지를 전한다. 조선 측 활쏘기 시합에 배버를 공식 초청한 자리에서 촬영한 것으로 추정된다. 배버는 조선 전통복식을 갖추고 공작깃털이 달린 화살을 등에 메고 있다(1580번 사진). 화살들은 가죽 화살통에 꽂혀 있다. 앨범 사진은 배버가 주재국 조선에 관심이 깊고 개인적으로 밀접한 관계를 맺고 있다는 점을 특별한 방식으로 보여 준다. 유교와 프로테스탄트 사상이 배버라는 인물을 통해서 서로 만난다. 배버는 러시아의 국익을 추구하면서도 조선을 위한 외교 활동을 하고자 했다. 발트독일인 소수민 출신의 배버는 제국주의 열강의 위협을 받는 조선과 같은 상황을 이미 자신의 고향에서 체험했기 때문일 것이다.

앨범 첫 두 장과 다른 사진 한 장을 보자(98-99쪽 사진 자료 참조). 구 러시아 공사관 건물 사진이 들어 있다. 구 러시아 공사관 건물 앞에서 촬영한 배버와 아들 오이겐 사진이다. 조선 최초의 러시아 공관 사진이 몇 장 안 되기 때문에 배버 앨범은 한 시대의 기록으로서 가치를 갖는다.

유감스럽게도 각종 전란과 한국전쟁1950-1953으로 서울 본래의 수려함은 파괴되었다. 오직 옛 사진을 통해서만 재구성할 수 있는, 더 이상 현존하지 않는 과거의 모습이 배버 유품 사진에 남아 있다.

위: 파노라마 사진 1 – 한양 정경.
아래: 파노라마 사진 2 – 마포나루.

배버 가족의 코리아 앨범 장정.

위: 1585번 사진 – 자하문.
아래: 1597번 사진 – 한양 남대문의 초기 사진.

위: 1602번 사진 – 한양 창덕궁의 비원, 서향각, 주합루와 어수문.
아래: 1613번 사진 – 육조거리. 현재 세종로.

위: 1619번 사진 – 경복궁 광화문 정경.
아래: 1590번 사진 – 북한산성.

위: 1610번 사진 – 북한산성문.
아래: 1611번 사진 – 화강암으로 이루어진 북한산.

위: 1606번 사진 – 왕릉 혹은 사찰 근처 풍경 사진.
아래: 1603번 사진 – 한양 외곽 마을.

위: 1596번 사진 – 산등성이 풀밭에서 휴식 중인 배버와 두 신사.
아래: 1598번 사진 – 지세를 보는 지관.

위: 1579번 사진 – 조선의 사대부들. 유교 서원.
아래: 1581번 사진 – 조선 궁수들 단체 사진.

1580번 사진 – 활쏘기를 위해 조선 전통복식을 갖춘 카를 폰 배버.

위: 하인리히 왕자
아래: 1616번 사진 – 신사들과 함께 정자에 앉아 있는 배버.

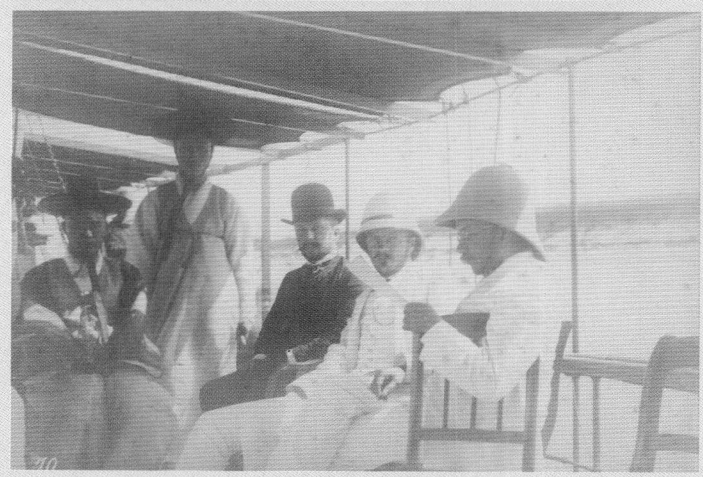

위: 1623번 사진 – 논산 관촉사 석조미륵보살입상.
중간: 1625번 사진 – 선상에서 신사들과 함께 촬영한 사진.
아래: 1626번 사진 – 선상 근무 중인 러시아 해군 장교들.

공부를 많이 해야만 모르는 것을 질문할 수 있다. -장 자크 루소

3.4. 배버 가족의 일상과 외교관 배버의 임무

이 장에서는 외교관 배버의 개인 앨범 사진들을 소개한다. 대충 모아 둔 사진들이 유품으로 남았다.

1885년경 한양에 있는 구 러시아 공사관 건물 앞에서 배버 가족이 러시아인, 조선인 직원들과 함께 촬영한 사진을 보자. 1891년 러시아 공사관이 신축되기 전까지 외교관 배버의 검소한 생활 방식을 보여 준다. 직업 생활과 개인적 일상을 조화롭게 병행하는 노력이 필요했다. 궁여지책을 위한 순발력도 필수였다.

당시에는 많은 전문가와 외교관들이 가족을 동반하지 않고 조선에 부임했다. 조선의 일상생활 여건이 서양인에게 불편하다고 여겼기 때문이다. 호러스 뉴튼 앨런Horace Newton Allen, 1858-1932, 호러스 그랜트 언더우드Horace Grant Underwood, 1859-1916, 헨리 아펜젤러Henry G. Appenzeller, 1858-1902를 비롯한 외교관, 목사, 의사들은 1882년 이후 조선이 문호를 개방한 이후에야 가족을 데려왔다. 언더우드는 서울에 있는 유서

깊은 사립대학인 연세대학교를 창립한 인물이다. 최초의 여성 선교사 매리 스크랜튼 Mary F. Scranton, 1832-1909은 용기 있는 여성이었다. 열정적으로 조선 여성 교육에 힘썼다. 스크랜튼이 소속된 선교회가 재정 지원을 했고 명성황후가 후원했다. 명성황후는 스크랜튼의 계몽적 활동에 공감했다. 선교사 윌리엄 스크랜튼William B. Scranton, 1856-1922의 모친인 매리 스크랜튼은 명성황후의 후원을 받아서 1886년 조선 최초의 여자 중고등학교 이화학당을 설립했다. 이화는 배꽃이라는 의미이다. 고종 임금이 학당명을 친히 작명해서 하사했다. 이화여고는 오늘날도 여전히 서울의 명문 여고이다.

외국 인사들의 활동이 이렇게 활발했지만 1890년경에 한양에 상주하는 서양 외국인은 200명 남짓이었다. 배버 부부는 조선에 주재하는 외국인들과 교류를 지속했고 한양에 부임한 각국 외교관들 사이에서 좋은 분위기를 조성하기 위해 노력했다. 특히 미국 공사 존 B. 실John B. Sill, 1831-1901의 부인은 배버 부인과 좋은 친구가 되었다. 비영어권에서 온 다른 외교관 부인들과 달리, 영어가 유창한 배버 부인은 피아노 연주를 했고 손님 접대 아이디어가 풍부하였으며 무엇보다 외교관 자녀들을 잘 돌보았기 때문이다. 손탁도 배버 부인의 활동을 도왔다. 실천력이 강한 손탁은 외교관저 살림뿐 아니라 배버의 두 아들 에른스트1873-1917와 오이겐1879-1952을 성심껏 보살폈다. 개인 앨범에는 두 아들의 사진이 들어 있다. 톈진에서 출생한 차남 오이겐은 한양에서 성장했다. 음악적 재능을 보인 오이겐이 소년 시절 한양에서 피아노 앞에 앉은 사진들을 보자. 소년 오이겐이 1889년 작곡한 〈환상곡〉 악보가 여전히 남아 있다. 오이겐의 환상곡 악보를 이 책에 최초로 소개한다.

어린 오이겐이 가마를 타고 촬영한 사진은 특히 인상적이다. 조선인 직원들이 가마를 들고 있다. 배경에 배버 부부가 보인다. 유년기를 한양에서 보낸 오이겐은 조선에 친밀감을 갖게 된다. 그의 유품 가운데 조선의 궁에서 맞은 설을 기념한 아름다운 연하장이 들어 있다. 봉입된 초대장은 수준 높은 조선 전통 한지 공예의 증거이기도 하다. 한자가 쓰인 봉투는 두껍게 풀 먹인 종이로 만들었다. 빳빳하게 풀 먹인 봉투는 일종의 방수 효과가 있어서 눈비가 와도 봉투 속의 편지가 젖지 않았다. 봉투에 대한제국 황실 봉인이 찍혀 있다. 초대장에 꽃과 나비 문양으로 장식된 분홍빛 비단을 입혔다. 나비는 인간의 영혼을 상징한다. 접이식 초대장 첫 장을 보자. 초대장을 받는 사람의 행복과 부를 기원하는 문장을 섬세한 한자로 필사했다. 비단에 그린 소년과 거북이들 모습은 변치 않는 건강한 삶을 기원하는 것이다. 기원문을 중국어와 영어로 비단 위에 썼다. 두 가지 언어와 문자 안에서 동양과 서양이 만나고 인간 내면의 동경의 원형을 명징하게 보여 준다.

당시에 한양 주재 외교관들에게 사회적 대형 사건은 흔치 않은 일이었다. 1888년 러시아와 조선의 국경무역을 승인하는 조약 체결 후에 알렉산더 미하일로비치 로마노프Alexander Michailowitch Romanow, 1866-1933가 조선에 온 것은 대단한 사건이었다. 당시까지 조선을 방문한 서양 국가 대표자 중 로마노프 대제후가 가장 고위 인사였기 때문이다. 카를 폰 배버가 예방을 주선했다. 로마노프는 1988년 9월 12일 러시아 군함 '코레츠'를 타고 제물포에 도착했다. 도착한 지 불과 나흘 만인 9월 16일에 로마노프는 러시아 장교들을 대동하고 고종을 알현했다. 외교관 배버가 주선한 개인적 알현이었다. 이를 통해 조선과 러시아가 서로 가까워졌다고 배버는 평가했다. 로마노프가 한양에 머무는 내내 배버는 조선과 우호 관계로 나아가기를 진지하게 요청했다. 고종은 로마노프에 대한 예의로 연회까지 베풀었다. 가무 공연을 선보이며 자부심을 갖고 조선의 전통과 문화를 소개했다.

촬영 시점이 1886-1887년으로 추정되는 사진을 보자. 손탁이 호랑이 가죽 위에 앉은 어린 오이겐 폰 배버와 함께 찍은 사진이다. 아마도 같은 날 촬영한 듯한 단체 사진에는 여러 사람이 등장한다. 총을 든 서양인 엽사가 우쭐거리며 호랑이 가죽을 보여 주고 있다. 공사관 부지로 들어온 호랑이를 사살했다는 일화가 배버 가족들 사이에 전해 오는데, 실화인지 지금은 증명할 길이 없다. 배버가 독일의 자택 내부를 호피로 장식한 1908년 사진도 있다. 라데보일에 위치한 배버 저택은 건물 소유주가 바뀌기는 했지만 여전히 현존한다.

한양에서 촬영한 사진의 발단은 호랑이 사살 사건이다. 서양 사진에서 흔히 볼 수 있는 인물 구도를 연출했다. 촬영을 위해 모두 다 모인 것 같다. 하인들, 서양인 직원, 조선인 직원들까지 서열에 따라 자리 잡았다. 남자들은 거의 모두 서 있다. 손탁, 오이겐, 배버 부부는 앉아서 촬영했다. 엽사의 옆자리, 사진의 중앙이다.

조선 왕조에서는 왕실 가족이 함께 사냥을 하고 사냥한 짐승의 가죽을 신하들과 공을 세운 외국인들에게 하사했다고 전해진다. 고종이 배버를 치하하며 새끼 호랑이를 하사한 적도 있다. 한국 역사와 신화에서 호랑이는 영물로 평가된다는 점을 주목해야 한다. 호랑이는 행운의 상징이고 절대적 힘과 용기를 발휘해 악귀를 퇴치하는 성스러운 동물로 여겨진다.

한국을 가리켜 '호랑이 민족'으로 묘사하는 것은 우연이 아니다. 단군신화 또한 호랑이 설화로 거슬러 올라간다. 심지어 한반도 지형도 호랑이가 앉아 있는 모양새이다. 많은 한국 전래동화에서 호랑이와 마주치는 이야기가 나온다. 호랑이는 한민족의 영혼에 각인된 영물이다. 올림픽 마스코트 등으로 재탄생해 항상 살아 숨쉬는 상징이다. 이 책의 사진 자료들을 통해 한 나라의 전통, 설화, 과거가 특별한 방식으로 서로 연결된다.

한양에서 카를 폰 배버 부부. 촬영 연도 미상.

위 왼쪽: 오이겐 폰 배버의 영아 시절 사진.
위 오른쪽: 에른스트, 오이겐 폰 배버 형제의 어린 시절 사진.
아래: 배버 부인 유제니와 차남 오이겐.

배버의 차남 오이겐이 한양에서 가마를 탄 모습.

위: 피아노 앞에 앉은 오이겐 폰 배버

아래 왼쪽: 오이겐 폰 배버의 자작곡 악보. 1888년 12월에 작곡한 환상곡, 1889년 8월에 작곡한 자장가(1페이지)

아래 오른쪽: 오이겐 폰 배버의 자작곡 악보. 1889년 2월(2페이지)

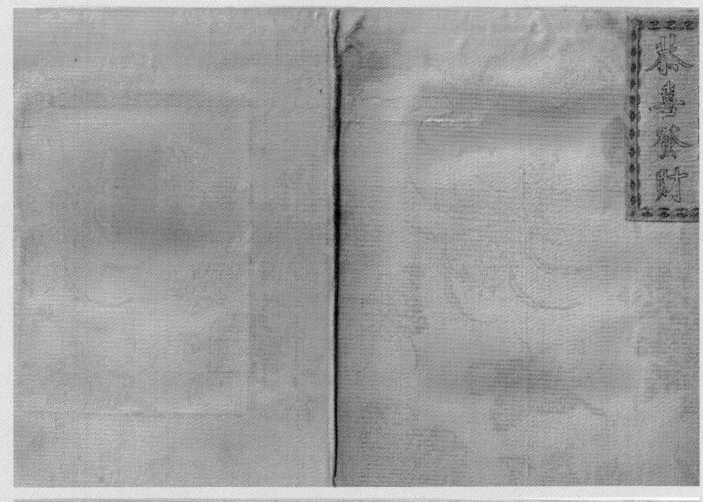

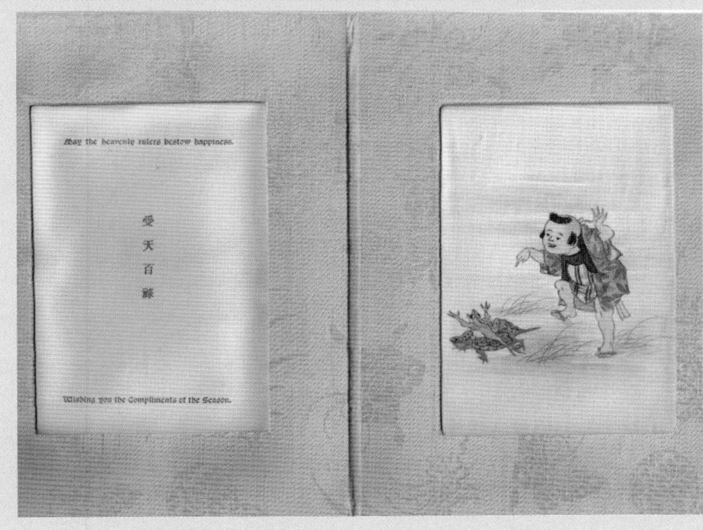

위: 오이겐 폰 배버가 받은 신년 연하장 봉투.
중간: 오이겐 폰 배버가 받은 신년 연하장 표지.
아래: 오이겐 폰 배버가 받은 신년 연하장.

손탁과 오이겐 폰 배버. 1886-1887년경 한양에서 촬영한 것으로 추정.

호랑이 사살 후 촬영한 단체 사진.

관련 링크와 일러스트레이션

❶ 헨리 게르하르트 아펜젤러(https://en.wikipedia.org/wiki/Henry_Appenzeller)
❷ 호러스 G. 언더우드(http://en.wikipedia.org/wiki/Horace_Grant_Underwood#/media/File:Horace_Grant_Underwood.jpg)
❸ 호러스 N. 앨런(https://www.researchgate.net/figure/Dr-Horace-N-Allen-1858-1932_fig1_317146128)
❹ 매리 F. 스크랜튼(http://www.koreaherald.com/view.php?ud=20161101000890)
❺ 1910년경 이화학당(http://http://digitallibrary.usc.edu/cdm/ref/collection/p15799coll48/id/532)

지식에서 가장 중요한 것은, 아는 것을 명심해 적용하는 것이다. −공자

3.5.
외교관 재임기 사진 자료: 외교 중재자 배버-일제 강점 직전 시기

이곳 외국식 건물의 규모를 보면 특이하게도 건축한 국가의 영향력과 의도를 알 수 있다. 가장 이목을 끄는 서양식 건축물은 일본, 러시아, 프랑스 공사관이다. 교회 건물 중에는 프랑스 성당과 미국 장로교회가 눈에 띈다. 일본, 러시아, 프랑스, 미국은 사실상 현재 이 나라에 가장 큰 영향력을 행사하는 국가들이다.

저널리스트로 활동한 지리학자 지그프리트 겐테Siegfried Genthe, 1870-1904의 여행기 『코리아』에서 술회한 대목이다. 이 책은 1905년 겐테 사후에 출판되었다. 1891년 한양에서 촬영한 러시아 신축 공관 사진이 겐테의 관찰을 뒷받침해 준다. 거대한 탑과 여러 건물 모습이 열강의 자부심을 표출한다. 정동에는 앞서 언급한 유명한 이화학당도 있다. 명성황후와 선교사 스크랜튼 여사의 합작으로 설립된 학교이다.

1880년대 초반에는 외국인도 정동에 토지를 매입할 수 있게 되었다. 이때부터 특

히 외국인 선교사들이 정동에 정착했다. 1896년에는 미국, 영국, 프랑스, 독일, 러시아 공사관이 이 구역에 들어섰다. 정동은 덕수궁 서쪽, 신문로 남쪽에 위치한 구역이다. 1872년부터 1896년까지 고종은 재건된 경복궁에 기거했다. 서구 열강 공관과 거리가 가까워서 어느 정도 안전하다고 느꼈다. 고종은 덕수궁으로 거처를 옮긴다. 새로운 거처인 덕수궁에는 러시아, 미국, 영국 공사관으로 쉽게 이동할 수 있는 문이 있었다. 가장 큰 부지를 차지한 나라는 미국이었다. 미국은 지금까지도 이 부지를 보유하고 있다.

다양한 미국 자료를 보면 신축한 러시아 공사관을 가리켜 북쪽 언덕에 위치한 "흰색 벽과 사각탑이 솟아 있는 건물, 외관이 교회 비슷한 공사관 건물"이라고 묘사했다. 이 건물은 한양의 상징물 중 하나가 되었다. 지금은 러시아 공사관 건물의 사각형 탑 부분만 남아 있고 건물의 다른 부분은 유감스럽게도 한국전쟁 중에 소실되었다.

러시아 공사관은 당시로서는 매우 현대적이고 확실히 조선 기후에 맞게 지은 건물이다. 연구여행가 오토 엘러스Otto Ehlers, 1855-1895는 그의 여행기에서 다음과 같이 쓰고 있다.

> 나는 하필 조선에서 혹독한 겨울을 나고 싶지는 않다. 만약 러시아 공사관에서 기거할 수 있다면 겨울을 조선에서 보낼 수도 있을 것이다. 지금까지 관찰해 보니 조선에서 오직 이 건물만 유일하게 겨울 최저기온 영하 20도에 대응할 수 있는(이곳의 온도계가 때때로 이 정도로 내려가고 여름에는 최고 기온 영상 37도까지 올라간다) 난방시설을 갖추었기 때문이다.

잘 알려진 잡지 〈코리안 리퍼지터리The Korean Repository〉(Vol. 4, 서울 1897)에 수록된 것처럼 러시아 공사관 최고 책임자는 유능한 외교관이자 사람 좋은 신사로 알려진 배버였다. 공평하고 신중한 배버는 서양 외교관들의 신임을 받아 외교협회장으로 선출되었다. 그는 예측 가능한 인물이라는 평을 들었다.

러시아 공사 예복을 입고 훈장을 단 배버의 사진은 이 책에서 최초 공개한다. 1895년 11월 24일 자 〈프랑크푸르터 차이퉁Frankfurter Zeitung〉에는 다음과 같은 대목이 실렸다.

> 예술적 감각이 있는 러시아 공사 배버, 친절하고 신중한 노년의 미국 장관 실, 명랑한 독일 총영사 크린, 호탕한 프랑스 공사대리 르페브르, 이들의 외교 활동에 대해 소문이 많지는 않지만 서양 외교관들은 조선에서 일본이 특별이권을 갖는 것을 우선 저지해야 한다는 입장인 것 같다.

항상 세간의 소식에 접하고 정치적 사건에 합당한 대응을 하기 위해 배버 부부는 소수의 외교관 사회에서 단합과 교류의 장을 마련했다. 샐리 실Sally Sill은 1894-1897년에 조선에 재직한 미국공사 존 마헬름 베리 실John Mahelm Berry Sill, 1831-1901의 부인이다. 한양에서 함께한 크리스마스 파티에 대해 그녀는 다음과 같이 편지에 썼다. 파티에서 외교협회장 배버가 연설을 했다. 미혼이었던 독일 총영사 크린이 아이들에게 선물을 나누어 주었다. 모든 손님을 위해 칠면조 요리가 나왔다. 앨런 박사와 다른 외교관들이 가족과 함께 조선에 왔기 때문이다. 샐리 실의 서한집을 로버트 네프Robert Neff가 편집하고 주석을 달아 2012년에 서울에서 발간했다. 실 여사가 남긴 자료들은 당시 외교협회의 일상을 눈에 선하게 보여 준다. 1895년 5월에 샐리 실은 스크랜튼 여사, 아펜젤러 부인, 쿠크 박사, 배버 부부와 함께 북한산성으로 소풍 간 이야기를 쓰고 있다. 1895년 6월 1일 자 편지에는 배버 부인, 스크랜튼 여사, 미국 해군 장교 쿠크 박사Dr. Cooke, 존 맥레비 브라운과 남산으로 소풍을 갔다고 썼다. 아일랜드 태생의 존 맥레비 브라운John Macleavy Brown, 1835-1926은 1893년부터 1905년까지 조선 왕실과 대한제국 황실에서 재정고문을 담당했고 고종의 총애를 받았다. 이들의 회합이 얼마나 국제적인 모임이고 서로 편견 없이 대했는지 1895년 6월 자 실Sally Sill 부인의 편지를 보면 알 수 있다. 어느 사찰 근처로 소풍 간 이야기도 나온다. "배버 부부, 러시아 장교 두 명, 미국 장교 한 사람과 앨런 부부"(Neff, 194쪽 참조)가 함께했다고 썼다.

배버 부부는 개방적이고 손님을 환대해 세간의 찬사를 받았다. 오토 엘러스는 앞서 언급한 책에서440쪽 어느 점심 만찬을 회고한다.

> 러시아 공사 카를 이바노비치 폰 배버가 영광스럽게도 나를 점심에 초대했다. 점심 식사에서 러시아 식사 때마다 나오는 사쿠스카Sakuska(전채요리)를 들면서 이미 슈납스 소주를 여섯 잔이나 마셨는데 하인들 실수로 생선요리에 모젤와인 대신 럼주를 따라 주었다. 기왕에 럼주가 나왔으니 내친김에 다 마셨다. 식사 후에는 맥주 대신 보드카를 마셨다. 내가 러시아 국민주를 마다하지 않고 칭찬까지 하니 매력 있는 주인장 배버는 무척 열광하며 – 다시금 러시아 관습에 따라 – 작별할 때 여러 번 포옹하고 볼에 입을 맞추었다.

발트독일인 배버는 1897년까지 한양에서 러시아 공사로 재직하면서 러시아의 국익을 위해 일했다. 1888년에 국경무역과 관련해 조러협약에 조인한 것이 배버 재임 초기의 가장 중요한 사건이라면 재임 중반기는 정치적으로 청일 전쟁의 영향을 많이 받았다. 1890년대 재임 후반기에는 청일 전쟁이 끝나고 한반도에서 러시아의 위상이 강화된 시기이다. 배버–고무라 협약1896은 배버의 업적이자 외교적 수완이었다. 그는 중전 민씨 시해 사건이 일본 흉한들의 소행이라는 것을 폭로했다. 고종 임금이 중전 시해 사건 이후 일 년 넘게 신변보호를 요청한 곳은 안전한 러시아 공관 건물이었다. 1897년 고종이 환어한 후에야 정치적 혼란기가 마감된다.

박식하고 공감 능력 있는 배버는 고종 임금과 중전 민씨의 눈높이에 맞추어 친분을 쌓았다. 러시아 공사 배버가 조선 재임기 마지막 4년간 한 번도 잘못된 길로 인도한 적이 없다는 고종의 평가가 전해진다. 배버의 제안이 유용했다는 뜻이다. 완전히 신뢰할 수 있는 인물이라고 배버를 평했다고 한다(Pak, 2013, 101쪽 참조).

1891년 8월에 배버가 고향으로 휴가를 떠나고 디미트레프스키P.A. Dimitrewski가 업무를 대행했다. 디미트레프스키는 한커우 러시아 총영사를 지낸 인물이다. 1894년 초에 카를 폰 배버가 한양으로 복귀했을 때 러시아 외무성은 배버를 북경으로 전보 발령할 계획이었다. 베이징 주재 러시아 공사 카시니 백작Graf Cassini이 휴가를 떠날 예정이었기 때문이었다. 하지만 동아시아 정치 상황이 변하여 배버 가족은 조선에서 출국하지 못했다. 노련한 외교관 배버는 1894년 동학민란과 청일 전쟁(1894-1895)의 여파로 임지인 조선에서 복잡한 상황을 맞게 된다. 일본의 영향력이 점점 커지던 중 1894년 대원군이 다시 조정으로 돌아왔다. 1895년 7월 19일에 당시 러시아 외무상 로바노프-로토프스키A.B. Lobanow-Rostowski, 1825-1896에게 보낸 보고에서 배버는 다음과 같이 명시한다.

> 시모노세키 조약1895.4.17.을 체결한 일본은 조선이 청국으로부터 자주독립한 것을 축하한다고 선언했지만, 이 선언은 일본의 실제 행태와 전혀 맞지 않습니다(Pak, 159쪽 참조).

후일 명성황후로 추존된 중전 민씨는 조선의 대외정책에 영향력을 행사했다. 중전이 일본에 대항해 친러파를 지원했기 때문에 1895년 10월 8일 아침에 무장한 일본 낭인들이 범궐했다. 일본의 흉한들이 중전을 시해하고 시신을 불태우는 동안 고종 임금은 처소에 감금되었다.

일본 정부는 처음에 조선인 공모자들에게 죄를 전가하려 했다. 하지만 배버는 직접 증인 심문을 해서 조선인으로 위장한 일본 자객들이 중전을 살해한 사실을 확인했다. 이제 외교적으로 수세에 몰린 일본에게 유일하게 남은 길은 러시아와의 협상이었다. 이 과정에서 배버는 전략적으로 영리하게 행동했고 조선에서 러시아의 위상을 강화했다.

〈프랑크푸르터 차이퉁Frankfurter Zeitung〉(1895년 11월 24일 자)에 실린 관련 기사를 보자. 외교적으로 볼 때 언론은 이례적으로 무례하게 반응했다. "중전이 살해되었으니 일본 입장에서는 의심의 여지 없이 커다란 걸림돌이 제거된 것이다. 도무지 속내를 알 수 없는 여자보다는 남자가 상대하기 쉬울 테니 말이다."

배버가 작성한 보고서를 살펴보자. 비상 상황에서도 타국 외교관들과 함께 모든 정치적 행보를 조율한 점에서 신중함과 노련함을 확인할 수 있다. 배버는 조선의 상황을 재정립하는 데 집중했다. 짚어 봐야 할 점은 고종이 처소에 감금된 사건 후에 일본인 고문을 받아들이고 서구 세력을 반대했던 대원군이 다시 정사에 간여할 것을 수용해야 했다는 점이다. 일본인들이 중전 시해에 가담한 것이 만천하에 드러났지만 일본 정부는 공모를 부인했고 시해 사건에 대해 어떠한 책임도 회피했다.

엄중한 상황을 겪은 후 한양 주재 서구 외교공관들은 경비인원을 추가하는 조치를 했다. 현지 외교관들의 안전 보장을 위해서이다. 또한 한양 주재 서양 외교관들은 조선 임금을 보호하고 고종의 위상을 강화할 방책을 함께 강구하고자 했다. 다른 한편 서구 열강들은 일본이 조선에서 패권을 갖는 과정을 어느 정도 방관했다. 복잡한 상황에서 특히 배버가 외교적으로 신중하게 대처해 긴장이 완화되었다. 조선 주재 외국 외교관 중에서 배버는 인정받는 위치에 있었다. 그가 예측 가능한 실무자이고 다양한 정치 세력과 원만한 관계를 유지했던 점이 이 상황에서 도움이 되었다. 배버는 일본의 특권을 건드리지 않으면서 반일 애국지사들이 세력을 강화하도록 도왔다. 발트독일계 미국 학자 알렉산더 렌센Alexander George Lensen, 1923-1979은 많은 연구업적을 남겼는데, 그의 사후에 출간된 저서 『Balance of Intrigue: International Rivalry in Korea and Manchuria, 1884-1899』(University Press of Florida, 1982)는 주목할 만한 선구적 연구성과이다. 렌센은 냉전 당시 소련의 기록보관소에 소장된 러시아어 자료들을 분석했다. 이 자료들은 정치적 맥락을 판단하는 데 참고가 된다. 김한교(Korea and the Politics of Imperialism 1876-1910. California Press, Berkeley and Los Angeles 1967)와 김희열(Koreaniche Geschichte: Einführung in die Koreanische Geschichte von der Vorgeschichte bis zur Moderne, St. Augustin 2004)의 연구가 렌센의 분석을 참고하고 있다.

1896년 5월 14일에 체결된 배버-고무라 각서는 배버의 외교적 성과였다. 일본이 고종의 안전 보장을 약속해야 했고, 일본 측이 민비 시해 사건의 공범임을 자백한 셈이 되었다(Kim, 1967: 86 참조). 카를 폰 배버와 고무라 주타로1855-1911 사이에 체결된 이 협정은, 러시아와 일본이 세력 균형을 도모한다는 명분으로 자국의 이익을 위해 체결한 여러 협약 중 하나였다(Lensen, 1982; 김희열, 2004; 김한교, 1967; 노태돈, 2004).

한양에 신축한 러시아 공사관. 세레딘-사바틴의 설계에 따라 신축했다.

위 왼쪽: 예복을 입은 외교관 카를 폰 배버.
위 오른쪽: 배버 부인 유제니.
아래: 배버 부부.

흥선대원군.

스스로에 대한 책임은 모든 책임의 뿌리이다. -맹자

3.6.

아관파천 - 고종 어극 40년 기념식 - 배버의 고별 알현

1895년 10월 8일 일본 흉한들이 범궐해서 중전 민씨와 상궁 두 명을 청부 살인했다. 이 사건은 커다란 정치적 파장을 가져왔다. 위기를 극복하기 위해 조선 주재 서양 외교관들이 표결을 했다는 기록이 남아 있다. 특히 배버와 앨런 박사는 고종의 신임을 받고 있었다. 1895년 10월 9일 아침에 이미 배버와 앨런은 서로 의견을 교환했다. 러시아 공사 배버와 미국 의사 앨런은 함께 고종 임금 알현을 요청했다. 옥체 미령하여 알현이 불가하다는 답변을 받았지만 그들은 뜻을 굽히지 않았다. 마침내 알현이 허락되었다. 더 이상의 동요를 막기 위해 고종은 배버와 앨런에게 지원을 요청했다.

이 상황에서 비롯된 배버-고무라 각서가 이후 수정 작업을 거쳐 로마노프-야마가타 의정서라는 이름으로 비준되었다. 야만적인 을미사변 후에 고종은 비관적이 되었고 당연히 신변의 위협을 느꼈다.

배버는 조선에서 반일 저항 운동을 지지했다. 하지만 조선에 대한 깊은 이해를 바

탕으로 한 배버의 자율적 판단과 행동에 대해 러시아 외무성에서는 의견이 분분했다. 고종이 니콜라이 2세1868-1918에게 배버의 유임을 청하는 친서(1895년 6월)를 보냈지만 배버는 멕시코 대사로 전보되어 조선을 떠나게 되었다. 모스크바의 러시아 제국 외교 정책 연구소에 소장된 공문이 이를 증빙한다. 외무성 제12호 공문을 보자. 하르트무트 브래젤 박사가 러시아어 원문에서 독일어로 옮긴 내용은 다음과 같다.

> 1895년 7월 31일 자로 [⋯] 조선 주재 현 러시아 공사대리 겸 총영사 배버를 멕시코 주재 러시아 특임공사로 전보한다. [⋯]

배버는 멕시코 공사로 전보되었지만 이후에 러시아 정부가 결국 조선 유임 결정을 내려 배버는 조선에 남게 되었다. 1895년 10월 8일 일본 흉한들이 범궐해서 일본과 반목한 중전을 시해한 사건으로 인해 조선이 완전히 새로운 상황에 직면했기 때문에 조선 전문가 배버의 한양 재임 기간을 연장하는 조처가 객관적으로 필요한 상황이었다. 1896년 1월에 알렉시스 드 슈파이어Alexis de Speyer, 1854-1916가 배버의 후임자로 부임하면서 한시적으로 러시아 공사가 두 명이 되었다. 러시아의 도움을 기대한 고종이 1896년 2월 2일에 배버, 슈파이어와 함께 러시아 공사관으로 이어할 계획을 논의했다는 기록이 있다. 동시에 미국 외교관 앨런 박사에게도 조언을 구했다. 고종이 러시아 공사관으로 피신하는 외교 작전에 대해 앨런은 찬성했다. 비밀 작전을 함구하는 것이 그 시점에서 외교적으로 가장 중요했다. 그래서 다른 서양 외교관들에게 정확한 결행 시점 정보를 제공하지 않았다. 베를린 외무성 자료에 따르면 임금의 파천 소문이 일파만파 퍼져 가자, 다혈질이었던 독일 총영사 페르디난트 크린Ferdinand Krien, 1850-1924이 즉시 배버에게 달려가 입장 표명을 요구했다고 한다. 노련한 외교관 배버는 비밀 작전을 성공하기 위해 그 시점에 입장을 표명할 뜻이 없었고 입장 표명을 할 수도 없었다. 외교사에서 볼 때 이 비밀계획은 마치 외줄타기처럼 위태롭게 균형을 잡아야 할 사안이었다. 오직 합의와 함구를 통해서만 성공할 수 있는 계획이었다. 궁전 시해자들의 마수 안에서 신변의 위협을 느꼈던 고종이 공식적으로 러시아 공사관으로 피신을 요청했다는 사실이 비밀작전의 정치적 폭발력을 경감시켰다. 러시아 외무성이 비밀계획을 승인했다. 고종이 러시아 공사관으로 이어하기 전날 저녁, 작전의 확실한 성공을 위해서 러시아 군함 한 대가 제물포로 이동했다. 러시아 순양함 '아드미랄 코르닐로프' 소속 해군 150명이 러시아 공사관 경비를 강화했다. 1896년 2월 11일 아침 계획이 결행되었다. 변복한 고종과 세자는 몇몇 충복을 대동하고 러시아 공사관으로 이어했다. 러시아 공사관은 그들을 보호하고 환대했다. 이어를 앞두고 고종은 재정고문 맥레비 브라운J. MacLeavy Brown에게 왕실 보물창고 수호 임무를 부여하고 전권을 주었다.

1896년 3월 2일에 미국 공사 존 마헬름 베리 실John Mahelm Berry Sill은 배버의 신중한 처신에 대해 보고했다. 러시아 외교관들이 조선 국사에 개입하지 않았고 고종은 제약 없는 자유를 누렸으며 심지어 영국 공사도 이 상황에 만족했다고 호의적으로 언급했다(Lensen, 1982, 597쪽).

조선은 평정을 되찾았고 왕권은 강화되었다고 알렉세예프J. I. Aleksejew, 1843-1917 제독이 본국 해군성에 보고했다. 알렉세예프의 보고서에는 이 모든 것이 고종의 신임을 얻은 지한파 배버가 신중하게 대처한 결과라고 묘사된다.

일국의 군주가 타국 영토에 체류하면서 자국을 통치했던 사실은 외교사에서 보기 드문 사건이었다. 배버의 노력으로 얻은 성과이고 일제의 조선 강점에 저항한 대한제국 독립운동사에 외교관 배버의 이름이 언급되는 계기가 되었다. 고종은 왕실 수행원들과 함께 러시아 공사관에 일 년 넘게 체류했다. 고종이 최적의 업무환경에서 독립운동 세력을 강화하고 나라를 안정시킬 수 있도록 배버가 보필했다. 배버와 공사관 직원들은 고종 임금을 가능한 한 편안히 모실 수 있도록 노력했다. 공사관 부지 안에 따로 조선식 가옥을 개비했고 공사관 내에 수라간이 들어설 목조 가건물을 완공했다.

이러한 상황은 배버에게 엄청난 업무량을 의미했다. 고종 체류 중에 러시아 공사관에서 촬영한 두 장의 사진을 보자. 배버가 두루마리 서류를 들고 역관의 도움을 받으며 공사관에서 업무 중이다. 매일 저녁 퇴근 후에 배버는 고종을 알현해 담소를 나누었고 밤 늦게까지 의견을 교환했다. 우호적인 신뢰 관계가 형성되었다. 고종은 프로테스탄트 배버를 높이 평가하게 되었다.

고종이 러시아 공사관에 체류하는 동안, 배버와 가족은 조선의 군주를 위해 좋은 여건을 마련하려고 노력했다. 러시아 공사관 직원 슈타인E.F. Stein, 1869-1961이 개인적인 편지에 쓴 구절을 보자.

> 임금님은 러시아 공사관 안에 가구가 완비된 아름다운 방 두 개를 사용했다. 조선의 궁에서 경험할 수 없던, 다른 종류의 편의시설을 갖춘 방이었다. 임금님 거처 옆에 수라간이 들어설 대형 가건물이 설치되었고, 넓은 공사관 부지에 한옥들을 지어서 조정의 주요 부서가 입주했다. … 건물 안에서 조정 대신들은 보고나 현안 회의에 호출될 때까지 대기했다. 임금님을 위해 전화까지 가설해 매시간 조정 각 부 및 병조와 통화를 할 수 있었다. 다수의 궁중 관원, 내관, 궁녀들이 공사관에 기거했다. 장정 80명이 왕의 안위를 지켰다. 임금님은 창문을 통해 유능한 러시아 해군 훈련을 매일 관찰할 수 있었다. 심지어 현관 앞에는 대포가 한 대 배치되었다. 공사관 담장을 따라 일정 간격으로 경비초소가 설치되었다. 불행한 군주가 무엇을 더 바랄 수 있었을까? (하르트무트 브래젤 박사가 러시아에서 독일어로 번역)

1896년 겨울에 촬영한 것으로 추정되는 사진을 보자(160쪽 사진 자료 참조). 고종 임금 호위를 위해 주둔한 러시아 장교들이 러시아 공사관 계단에서 배버 부부, 손탁과 함께 촬영했다. 고종의 안위를 위한 조처를 보여 주는 희귀한 사진 자료이다.

고종이 러시아 공사관에 체류하면서 배버와 가족에게는 여러 가지 의무가 추가되었다. 배버 가족의 좋은 친구였던 샐리 실Sally Sill은 1896년 12월 13일 남편에게 보낸 편지에서 배버 부부가 부쩍 늙고 지쳐 보인다고 썼다. 1896년 2월 11일부터 1897년 2월 20일까지 내관과 궁인들을 대동하고 체류한 임금님을 위해서 당연히 수고가 많았을 것이다. 배버는 아주 작은 세부 사항에도 주의를 기울였다. 덕분에 배버와 고종 임금은 관계가 좋아졌다. 배버가 예를 갖추어 배려하며 행동했고, 변화를 위한 제안을 할 때도 과하게 나서지 않았기 때문이다. 한눈에 보아도 사회적·문화적으로 상이한 사회화 과정을 거친 두 남성 간에 형성된 인간적인 신뢰관계가 조선을 위해 생산적 효과를 가져왔다. 태평양의 러시아 함대 지휘관은 해군성 장관 치하체프Tschichatschew에게 1896년 11월 자 편지에 다음과 같이 썼다. 다음은 하르트무트 브래젤 박사가 러시아어 원문을 독일어로 옮긴 내용이다.

> 제가 한양을 방문한 지 6개월이 지났는데, 그간 한양에서조차도 상황이 눈에 띄게 좋아졌습니다. 나라는 다시 조용해졌고 왕권은 강화되었으며 재정도 정상을 찾았습니다. 의심의 여지 없이 이러한 변화는 조선 임금의 아관파천 이래 러시아가 조선의 상황에 영향을 준 결과입니다. 배버 씨의 참을성 있고 건설적인 결단, 조선과 조선인에 대한 지식, 그리고 무엇보다 그에 대한 임금님의 특별하고 폭넓은 신뢰 덕분에 상황이 개선될 수 있었습니다.

러시아-중국 은행 상하이 지점장 포코틸로프D.D. Pokotilow, 1865-1908는 1896년 8월에 한양으로 발령받았다. 배버는 물론 살림을 맡았던 부인 유제니와 보모 손탁이 임금님을 위해 헌신했다고 포코필로프가 썼다. 이 과정에서 배버 부인과 손탁은 상황에 따라 궁중 의전을 지키려고 노력했다. 조선 왕실 후궁들은 손탁과 유제니를 '프로일라인Fräulein'이라고 불렀다. 특히 마리 앙투아네트 손탁이 고종 임금의 총애를 받았다. 고종은 손탁의 요리 실력을 호평하였고 그녀가 만든 커피에 곁들인 각종 과자에 좋은 인상을 받아 몇 달간 손탁이 왕실 살림을 관리하게 하였다. 얼마 후에 한국에서 아직도 유명한 프로일라인 손탁1838-1922이 대한제국 고종 황실에서 황실전례관으로 발탁된 이유를 짐작할 수 있는 대목이다. 친한파 손탁은 1909년까지 자신의 위치에서 자신의 방식으로 일본의 식민화 정치에 대항하고자 했다. 이 시기에 손탁은 공식석상에 더 자주 등장하고 미래의 활동을 위해 인맥을 넓혔다.

여론에 떠밀려 고종은 1897년 2월 20일에야 러시아 공사관을 떠나 개축한 경운궁(덕수궁)으로 환어했다. 외국공관 구역 한가운데 있는 덕수궁으로 옮긴 것이다. 고종은 러시아 훈련병들이 자신을 호위하기를 원했다. 임금과 러시아 공사 배버 사이에 쌓인 신뢰 관계가 드러난다. 정치적 입지가 약했던 고종 임금은 얼마 후 1897년 10월 12일에 연호를 광무로 제정하고 조선의 황제로 즉위했다. 적어도 형식적으로나마 중국, 일본, 러시아와 같은 열강과 동등한 위치에 서기 위한 결정이었다.

배버는 동아시아에서 30년 넘게 외교관으로 활동했다. 조선 주재 러시아 공사직에서 퇴임한 1897년에 그는 개인적으로 가장 정이 들었던 조선에서 출국했다.

배버 재임기에 한반도에서 러시아의 위상이 높아졌다고 할 수 있다. 다른 서구 세력처럼 배버가 고종에게 대놓고 정치적 압박을 하지 않았기 때문이다. 친한파 배버는 국제 외교계에서 신중하고 예측 가능한 파트너로 평가되었다. 러시아를 위한 장기적인 목표를 위해 현명하고 절제된 정치를 했다. 유감스럽게도 후임자 슈파이어는 배버의 외교 정치 방식을 계승하지 않았다. 배버와는 달리 슈파이어는 러시아 정부의 대외 확장 정책을 직접적으로 지지했다. 단기적으로 보면 러시아 국익을 위해 슈파이어가 조선에서 더 많은 것을 쟁취했다. 하지만 슈파이어는 외람되고 무례한 품성 때문에 그동안 배버가 쌓아온 공고한 조러 관계를 무너뜨렸고 불신을 키웠다.

러시아 정부는 슈파이어의 무례한 언동을 묵인했다. 이 때문에 배버가 오래 쌓아온 고종 황제와의 신뢰 관계가 무너졌다. 결국 일본의 식민화 획책 실행을 더 수월하게 해 준 셈이 되고 말았다.

배버는 1898년 11월에 러시아를 위해 세운 공로를 인정받아 '세인트안나' 러시아 국가훈장을 수훈했다. 1898년 11월 5일에 배버와 가족에게 대대로 세습되는 귀족 신분이 부여되었다.

배버는 멕시코 공사직을 자의로 고사했다. 1902년 10월 고종 어극 40년 기념식 참석차 러시아 제국 특사 자격으로 배버가 대한제국에 돌아왔다. 1903년 2월 20일 〈동아시아 로이드(Der Ostasiatische Lloyd)〉에는 다음과 같은 적확한 글이 실렸다.

> 일본인들은 러시아 특사 폰 배버의 참석을 매우 달갑지 않게 여기는 듯하다. 일본인들은 수천 가지 허구를 날조했고 꼬투리를 잡아 배버를 비난하려고 했다. 하지만 배버는 대한제국 상황을 너무나 잘 알고 있다. 평정심과 배려심이 있고 언동이 사려 깊다. 그는 노련한 외교관이다. 조선인들이 배버를 신뢰하여 앞다투어 충고를 구한다. 일본인들이 온갖 간계를 꾸몄지만 배버의 약점을 잡아 망신 주려는 시도는 실패했다. 일본인들의 저의가 뻔하게 드러났다.

1902년 10월 11일 자 대한제국 황실에서 배버에게 보낸 초대장이 배버의 유품으로 남았다. 배버가 도착한 직후에 고종 황제가 그를 황궁으로 초대했다. 이 책에 초대장 원본 사진을 수록했다. 초대장 내용을 보면 고종과 배버 사이의 신뢰 관계를 알 수 있다. 류우익 교수의 번역에 따르면 "와인 한잔 나누며 황제 폐하와 담소가 있을 예정이

니 초대에 응하길 바라오"라는 초대사가 들어 있다.

독일 영사 하인리히 바이퍼트Heinrich Weipert가 작성한 1902년 10월 19일 자 문서에 의하면 러시아 특임공사 배버는 손탁빈관에 여장을 풀었다. 이 문건은 독일 외무성 기록보관소가 소장하고 있다.

대한제국에 머무는 몇 달간 카를 폰 배버는 분열된 정파들의 화해를 위해 노력했다. 각 당파 대표자 회동에서 단합된 결의를 이끌어 내기 위해 '화해의 만찬'을 주선하기도 했다. 일본의 조선 강점 위협을 염두에 둔 자리였다. 이 모든 중재 작업 비용으로 고종 황제가 카를 본 배버에게 10,000엔(1903년 6월 16일 자 Kölnische Zeitung 참조)을 하사했다. 배버는 도의적으로 하사금을 사양했다. 지난 몇 년간 점진적 식민화 과정에서 조선-대한제국에서 너무 많은 유혈사태가 발생했다. 배버는 한양의 가난한 백성과 대한제국 도로 건설을 위해 고종의 하사금을 기부했다. 조선인 환자들을 위한 병원 건립 기금으로 독일 의사 리햐르트 분쉬 박사Dr. Richard Wunsch, 1869-1911에게도 4000엔을 전달했다(Gertrud Claussen-Wunsch: Dr. Med. Richard Wunsch. Arzt in Ostasien, Büsingen-Hochrhein 1976, 146쪽 참조).

한성부(한양)에서 콜레라와 천연두가 유행하면서 고종 어극 40년 기념식은 어쩔 수 없이 1903년 가을로 연기되었다. 배버는 파울 폰 라우텐펠트Dr. Paul von Rautenfeld, 1865-1957 박사와 동행해서 대한제국에서 출국했다. 라우텐펠트는 리가Riga의 유명한 발트 독일인 동물학자이다. 그는 광저우의 전임 해운세관청장이었다. 라우텐펠트는 예나 출신 의사이자 동물학자였던 에른스트 해켈Ernst Haeckel, 1834-1919과 서신을 주고 받았다. 당시에 여러 동아시아 전문가들 사이에 교류가 활발했다는 사실을 알 수 있다.

우호적 분위기에서 배버가 황제 알현을 마쳤다. 고종 황제가 더 머물기를 권유했지만 1903년 5월 16일 러시아 정부의 지시에 따라 상트페테르부르크로 돌아갔다(Ostasiatische Lloyd, 1903: 866).

민영환1861-1905은 민비의 먼 친척으로 알려져 있다. 대한민국에서 지금도 헌신적인 독립운동가로 추앙받는 인물이다. 서울 충정로에 민영환의 동상을 세워서 애국지사 민영환을 기리고 있다. 민영환은 1905년 을사늑약 체결을 반대해 자결한 인물이다. 일본이 러일전쟁에서 승리하면서 체결된 을사늑약은 대한제국의 외교적 독립을 앗아가고 결국 1910년 일본이 조선을 강점하는 결과에 이르게 된다.

한양 재임 시절에 배버는 젊은 민영환과 돈독한 관계였다. 배버가 러시아 외무성에 보낸 서한을 보면 알 수 있다. 학식이 깊었던 민영환은 1878년에 과거에 급제했다. 과거는 조선조의 수준 높은 관료 임용고시이다. 그는 여러 차례 미국에 체류하였고 주요 관직을 두루 거쳤다. 역량과 자질을 갖춘 민영환은 서양 외교관들로부터 존경받을 정도로 유능한 정치가였다. 그는 1895년 주미 전권대사에 임명되었다. 하지만 당시 명성황후 시해 사건으로 실제로 부임하지는 못했다. 이후 그는 배버의 추천으로 1896년 특명전권대사로 임명되어 니콜라이 2세의 대관식 참석차 러시아로 출국했다. 고종의 어명으로 대한제국에 현대화된 군대를 양성하기 위한 정치적 회담을 위해서였다. 고종이 배버에게 러시아 측 고문이 동행해 민영환을 도와주라고 명했다. 앞서 언급한 러시아 공사관 서기 슈타인E.F. Stein이 임무를 수행하게 되었다. 이들은 제물포에서부터 상하이까지 러시아 군함 '그레미야치'호를 타고 항해했고 이후의 여로는 철도로 이동했다. 민영환은 모스크바와 상트페테르부르크에 체류하며 6개월간의 여행을 마치고 10월 말에 귀국했다. 슈타인은 민영환을 가리켜 "학식 깊고 지조 있는 조선인"(Pak, 2013. 265쪽)이라고 평했다. 1897년 1월에 민영환은 다시금 특명전권공사로 임명되어 빅토리아 여왕 즉위기념식 참석차 유럽으로 출국했다. 해외여행을 통해 그는 독립국으로 자립하려면 조선의 현대화가 가장 중요한 현안이라는 견해를 더욱 확고하게 갖게 되었다. 그런 의미에서 독립협회의 활동을 지원했다. 협회 회원 모임은 자주 손탁빈관에서 열렸다.

이 책에서 공개하는 고종의 어사진은 배버에게 하사된 사진이다. 배버에 대한 고종의 평가를 상징적으로 보여 준다. 고종의 어사진은 이씨 왕조의 오랜 전통을 기리기 위해 촬영한 사진이다. 이 시점에 창건한 지 505주년을 맞았던 이씨 조선 왕조는 1910년 일제 강점에 의해 막을 내렸다.

한양의 러시아 공사관에서 두루마리 문서를 들고 있는 카를 폰 배버.

위: 러시아 공사관에서 근무 중인 카를 폰 배버.
아래: 러시아 공사관에서 역관과 함께.

카를 폰 배버, 손탁과 군관들. 1897년 한양에서.

1896년경 한양의 러시아 공사관에서. 배버 부부, 손탁, 러시아 장교들과 공사관 직원들.

훈장을 착장한 외교관 카를 폰 배버.

카를 폰 배버가 수훈한 훈장들.(에바 니트펠트 폰-배버 여사의 승인하에 촬영 및 게재)

敬啓者擬於本日下午七點半鍾在貞洞別館
略治蔬樽奉邀
台駕會話有
命欽遵函佈務祈
賁臨爲荷肅此敬頌
台祺

閔商鎬頓

十月十一日

1902년 대한제국 황제가 배버에게 보낸 초청장.

大朝鮮國大君主寫真

開國五百五年

카를 폰 배버에게 하사한 고종의 어사진.

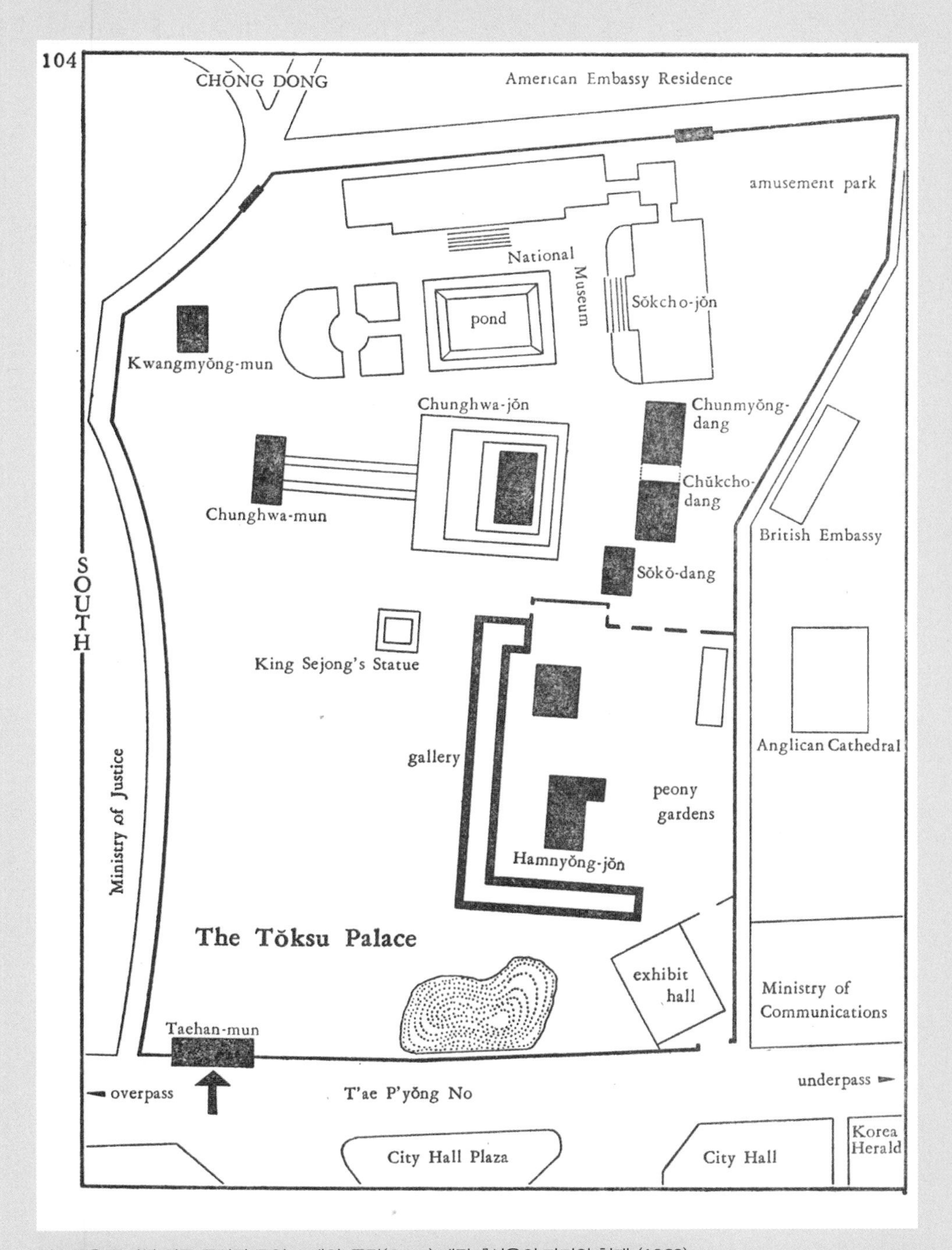

덕수궁을 둘러싼 외국 공사관 구역 스케치. 클락(Clark) 제작. 『서울의 과거와 현재』(1969).

№ 12. *С.-Петербургъ, 31 Іюля 1895 г.*

ЦИРКУЛЯРЪ

по вѣдомству

МИНИСТЕРСТВА ИНОСТРАННЫХЪ ДѢЛЪ.

I.

ИменнымЪ ВЫСОЧАЙШИМЪ Указомъ, даннымъ Правительствующему Сенату 18 Іюля 1895 г. ВСЕМИЛОСТИВѢЙШЕ повелѣно:

Повѣренному въ дѣлахъ и генеральному консулу въ Кореѣ, дѣйствительному статскому совѣтнику *Веберу* быть чрезвычайнымъ посланникомъ и полномочнымъ министромъ при Правительствѣ Мексиканскихъ Соединенныхъ Штатовъ и

первому секретарю Миссіи въ Тегеранѣ, статскому совѣтнику *Шпейеру* быть повѣреннымъ въ дѣлахъ и генеральнымъ консуломъ въ Кореѣ.

1895년 배버 관련 공문. 러시아 제국 대외정책 기록보관소 승인하에 복사 게재.

관련 링크와 일러스트레이션

위: 명성황후(https://de.wikipedia.org/wiki/Myeongseong#/media/Datei:La_Cor%C3%A9e,_ind%C3%A9 pendante,_russe,_ou_japonaise_-_p12.png).
아래: 군함 '아드미랄 코르닐로프'(https://de.wikipedia.org/wiki/Admiral_Kornilow).

누가 여성들을 생각해 주는가? 아무도 생각해 주지 않는다! 그러므로 여성 스스로 자신을 생각해야 한다. -이다 한-한

3.7.

대한제국 황실전례관 마리 앙투아네트 손탁: 사진에 기록된 현실

나이 지긋한 프로일라인 손탁이 지켜보고 있다. 귀빈들의 시선을 피해, 전통 조선식 병풍 혹은 값비싼 커튼 뒤에서 모든 것을 지휘하고 있다. 이런 행사에는 황실 시종이 총동원된다. 손탁이 눈짓 한 번만 하면 시종들 전체가 움직인다.

기행문『나는 어떻게 조선 황실에 오게 되었나Wie ich an den koreanischen Kaiserhof kam』(Berlin, 1909)에서 엠마 크뢰벨Emma Kroebel, 1872-1945은 조선에서 전설적인 인물이 된 손탁을 이렇게 묘사했다.

비범한 서양여인 손탁은 친한파였다. 극작가 차범석1924-2006의 희곡『손탁호텔』은 손탁이 몇십 년간 얼마나 상상력을 자극해 온 인물인지 보여 주는 작품이다. 1976년 서울국립극장에서 초연되고 2005년에 오페라 작품으로 개작되었다. 심지어 한국의 텔레비전 사극에도 손탁의 이름이 간간이 등장한다. 대한제국 황실전례관으로 임명

된 마리 앙투아네트 손탁1838-1922은 당대에 인기 있던 커피를 처음 황실에 도입했다고 한다. 역사적 사실에 비추어 보면 손탁은 크뢰벨의 인용문이 암시하는 것처럼 권력지향적이고 마성적인 여성성을 가진 인물이 아니었다. 정숙한 유럽식 복장을 갖춘 손탁은 전형적인 당대 서양여인의 모습이다. 게다가 그녀는 젊지도 매혹적이지도 않았다.

흰옷을 입은 손탁, 배버 부부, 엠마 크뢰벨이 함께 촬영한 사진을 보자. 인물들이 품위 있고 조화로운 분위기를 발산한다.

1897년부터 1909년까지 일본은 조선 강점을 획책했다. 이 시기에 손탁은 조선 황실에서 황실전례관으로 책봉되었다. 지한파 손탁은 조선 독립운동을 지원하려 애썼다. 손탁은 다면적인 인물이다. 그녀는 빠른 속도로 조선말을 배웠다. 조선과 대한제국에 대해 관심이 있었던 재능 있는 여인이었다.

동시대인들의 회고, 사진, 그리고 앞으로 설명할 손탁의 활동이 이를 증명한다. 알렉산더 카를 아우구스트 폰 클래어Alexander Karl August von Claer, 1862-1946가 손탁 자택에 소장된 희귀한 조선 도자기들에 관해 언급했다. 고종 황제의 하사품이다. 조선 황실과 손탁의 관계를 보여 주는 소장품이다.

손탁은 조선 예술 애호가였다. 그뿐만 아니라 조선의 식물을 연구하기도 했다. 시베리아 연구가로 유명한 그녀의 제부 리하르트 칼로비치 마크Richard Karlowitch Maack의 영향으로 동아시아 동식물에 관심을 기울였던 사실을 이 책의 취재 과정에서 밝혀낼 수 있었다.

손탁은 1893년에서 1895년까지 한양에서 현지 식물을 채취하여 상세한 라벨(지명, 데이터)을 부착한 학술적 식물표본집을 작성했다. 상트페테르부르크 식물원과 학술원 산하 식물박물관에서 '손탁-컬렉션'은 이반 블라디미로비치 팔리빈Iwan Wladimirovich Palibin, 1872-1949 및 저명한 러시아 식물학자 블라디미르 레온티에비시 코마로프

Vladimir Leontievisch Komarov, 1869-1945 분과로 분류되었다. 팔리빈이 1899년에 이미 개별 식물표본들을 러시아어·영어 양 국어로 목록화한 점은 세계를 향한 개방성을 보여 준다. 현재 손탁-컬렉션은 러시아 학술원 산하 코마로프 식물연구소가 소장하고 있다. 2013년에 대한민국 서울에서 발간된 〈러시아 코마로프 식물연구소 소장 한반도산 관속식물 기준표본 화보집〉에 손탁의 식물 표본이 포함되었다. 코마로프 식물연구소의 알리사 그라보프스카야 보로디나Dr. Alisa E. Grabovskaya Borodina 박사와 한국 국립생물자원관의 환경연구관 곽명해 박사의 협력 덕분이다. 정작 식물학 전공학자들은 손탁에 대한 정보가 전혀 없었다. 국경과 학문의 경계를 넘어선 협업을 통해 이 책에서 소개하는 가족사에 투영된 다층적 관계사의 새로운 고리가 완결된다.

크뢰벨 여행기에 실린 다른 사진 한 장을 보자. 손탁이 독일 장교 오스카 폰 트루펠Oskar von Truppel, 1854-1931, 에른스트 크뢰벨Ernst Kroebel, 1853-1925 대위와 함께 촬영한 사진이다. 손탁은 자의식 강한 여성답게 영리한 미소를 짓고 있다. 엠마 크뢰벨 여행기에 수록된 두 번째 사진은 손탁과 크뢰벨이 황실 궁내부 대신과 함께 찍은 사진이다. 서열에 맞게 자리를 잡았다.

알렉산더 카를 아우구스트 폰 클래어Alexander Karl August von Claer, 1862-1946는 청국에 무관으로 파견되어 근무 중이었다. 클래어는 1904년 2월에 한성부 최초로 독일 무관으로 부임했다. 클래어는 손탁을 '어머니 같은 유머'를 가진 여인이라고 묘사한다. 클래어는 손탁의 다정하고 섬세한 보살핌에 감동받았다. "손탁은 황실 후견인으로서 자신의 운명에 대해 가끔씩 우수 어린 상념에 젖었다"라고 클래어는 쓰고 있다.

손탁이 주어진 여건에서 재능을 펼칠 수 있던 것은 조선과 대한제국의 상황에 기인한다. 퇴역 군인인 남편을 따라 조선에 온 엠마 크뢰벨이 손탁에 대해 이렇게 썼다.

광신적으로 관습에 얽매이고 모든 외래 문물을 배격하는 나라의 공적 영역에서, 시민계급 출신 외국 여성이 어떻게 그렇게 대단한 영향력과 주도권을 갖게 되었을까 라는 호기심 어린 질문을 하게 된다. 해답은 이 여인의 대단한 외교 감각에 있다. (Kroebel, 134–135쪽)

손탁이 유럽여행1906-1907을 떠난 동안 황실전례관 업무를 대행한 엠마 크뢰벨의 글이다. 이 인용문을 보면 1897년부터 1909년까지 황실전례관으로 봉직한 손탁이 오늘날까지도 사람의 마음을 움직이는 능력이 있었다는 것을 알 수 있다. 손탁은 실천력 강하고 사업 수완 좋은 여성이었음에 틀림없다. 자신의 신상을 베일 속에 감출 줄 아는 여인이었다. 한-독 교류사 초기에 손탁이 요인 중 한 사람이었지만 당대의 여행기나 다른 자료에서 나이를 비롯한 신상에 대해 그저 추측만 무성했다. 2014년에 독일어와 영어로 집필한 나의 논고Transactions, Vol. 89/2014가 출간되기 전까지 손탁의 출신지, 이력, 대한제국을 떠난 이후의 여생에 관해서 확실한 정보가 없었다.

한-독 교류사에서 손탁이 누구보다 무수한 억측을 일으킨 인물이라는 점은 놀랍지 않다. 심지어 크뢰벨은 비범한 손탁을 가리켜 "왕관 없는 조선의 여제"라고 표현했다.

서양 여인이 조선 황실에서 이토록 믿을 수 없는 신분상승을 할 수 있었던 이유가 통속적으로 들릴 수도 있겠다. 어쨌든 손탁의 활동은 역사적 사실이고 객관적으로 증명된 사실이다.

앞서 자세히 설명한 것처럼 손탁은 1885년 일본이 조선 강점을 획책하던 시기에 외교관 카를 폰 베버 가족과 함께 한양에 왔다. 그녀는 베버 가족의 살림을 돌보며 보모 임무를 담당했다. 그런데 1896년 10월에 을미사변 후 신변의 위협을 느낀 고종 임금이 일본군을 피해 러시아 공사관으로 이어하자, 앙투아네트 손탁에게 천재일우의 기회가 온 것이다. 손탁이 시중드는 방식과 요리솜씨를 높이 평가한 고종 임금은 토지를 하사하고 총애를 표하였다. 손탁은 아침 식사에 커피를 올렸다. 직접 만든 서양식

후식과 과자는 인기를 모았다. 손탁의 서양식 요리가 점차 수라상의 조선 궁중 요리를 대신하게 되었다.

러시아 공사관을 떠나 경운궁으로 환어한 고종은 손탁을 황실전례관으로 발탁했다. 외국 여인을 책봉하자 많은 대신들이 경악했다. 하지만 손탁이 곧 실천력과 실무능력을 보여 주었고 적어도 공적으로는 비판이 잦아들었다. 고종의 총애를 받은 황실전례관 손탁은 궁중에서 영향력을 얻게 되었고 자신을 위해 이를 물질적으로도 활용했다. 손탁은 1897년부터 1909년까지 조선 황실에 봉직했다. 영국인 존 맥레비 브라운 경Sir John MacLeavy Brown, 1835-1926만이 이에 준하는 재정고문직을 수행한 바 있다. 궁에서 간계와 모략이 횡행했지만 각국 외교관들은 조정에서 각자의 목적을 이루기 위해 심심치 않게 손탁을 찾았다.

손탁은 황실 궁내부 살림만 맡았던 것이 아니다. 외빈 연회와 리셉션도 총괄했다. 손탁은 유럽식 황실 의전 및 관례를 단계적으로 도입해야 한다고 고종 황제 어전에 아뢰었다. 이것은 조선 왕실의 전통의전에서 탈피한다는 의미이다.

또한 대한제국 수도 한성부를 서양식으로 설계해야 한다고 간언했다고 한다. 새로운 황궁과 정원 건축도 주청했다. 고종황제는 손탁에게 집무실로 사용할 와가와 부지를 하사했다. 손탁의 비즈니스 감각이 드러나는 대목이다. 이렇게 해서 러시아 건축가 아파나시 세레딘-사바틴Afanasy Seredin Sabatin, 1860-1921이 설계한 '손탁빈관(손탁양저, 한성빈관)'이 건립되었다. 세바틴은 이전에 러시아 공사관을 설계하고 덕수궁과 경복궁의 새로운 구성과 설계를 담당하기도 했다. 한성부(서울) 최초의 유명한 서양식 호텔인 손탁빈관은 오늘날의 서울 이화여고 자리에 들어섰다.

이름난 손탁빈관에는 수많은 서양 외빈들이 숙박했다. 손탁빈관의 요리가 훌륭하다고 정평이 나서 미식가들이 찾는 인기식당으로 급부상했다. 이 호텔은 대한제국 현지에 온 여행자, 전문가, 외교관들이 사업과 정치 관련 정보를 교환하는 교류의 장이기도 했다. 황실 가족이 무엇을 선호하는지에 관한 정보, 막강한 권신들의 분위기, 궐내에서 계속되는 간계와 모략에 대해서도 손탁이 잘 알고 있었기 때문이다. 그녀의 호의를 얻으면 중요한 정보에 접할 수 있었다. 예컨대 황실 어의로 활동한 독일인 리햐르트 분쉬 박사Dr. Richard Wunsch, 1869-1911는 오직 손탁과 배버의 중재를 통해서만 고종 황제를 배알할 수 있었다. "이렇게 해서 즐거움과 유용성이 종종 합치되었다. 당시 한성부 기준으로 매우 쾌적한 손탁빈관에 여러 나라에서 온 청년 외교관들이 투숙했다. […] 손탁빈관에서 숙박하고 식사했던 사람들은 예컨대 […] 여러 나라에서 온 미혼의 외교관 청년들이었다."는 구절을 엠마 크뢰벨의 여행기에서 읽을 수 있다.

손탁은 현재의 삶에 충실했던 실용주의자였다. 손탁은 유럽인과 미국인의 심심파적 여흥을 위해 사대문 안에서 몇 차례 피크닉을 주선하기도 했다.

손탁빈관 단골 손님의 면면을 보자. 예컨대 미국 외교관 존 실John Sill, 1831-1901, 영국 저널리스트 어니스트 토마스 베델Ernest Thomas Bethell, 1872-1909(한성부에서 별세)이 있었다. 베델은 1905년에 한국 저널리스트 양기탁1871-1938과 함께 진보적인 〈대한매일신보〉를 창간한 인물이다. 미국 선교사 호러스 언더우드Horace Underwood, 1859-1916, 헨리 아펜젤러Henry G. Appenzeller, 1858-1902, 호머 헐버트Homer Hulbert, 1863-1949, 대한제국 최초로 독일어 수업을 시작한 요한 볼얀Johann Bolljahn, 1862-1928, 의사 리햐르트 분쉬 박사Dr. Richard Wunsch, 1869-1911 등이 손탁빈관 고객이었다. 그중에는 대한제국 정부가 초빙한 미국인 전문가 헨리 콜브란Henry Collbran, 1852-1925도 있었다. 한성부(서울)에서 전차길을 건설하는 임무를 맡았던 인물로 손탁빈관에 체류했다.

여러 한국 언론 기사(2009년 5월 11일 중앙일보 참조)를 보면 윈스턴 처칠 경Sir Winston Churchill, 1874-1965이 러일전쟁 후에 식민지 담당 국무차관으로 대한제국에 와서 손탁빈관에서 하룻밤 숙박했다는 보도가 실려 있다. 케임브리지에 있는 처칠 기록보관소가 처칠과 관련된 주요 출판물들을 검색했지만 이와 관련된 언급이 없다고 한다. 나의 문의에 대해 케임브리지 소재 처칠 기록보관소에서 보내 온 2015년 9월 7일 자 답신에 따르면, 이 기관의 소장 자료 중에서 처칠이 해당 시기에 대한제국 한성부를 방문했다는 설을 증빙할 수 있는 자료는 없다고 한다.

손탁빈관 투숙객 중에서 가장 잘 알려진 유명인사는 아마도 미국 저널리스트로 활동한 작가 잭 런던Jack London, 1876-1916일 것이다. 그는 러일전쟁 중에 종군기자로 대한제국에 체류했다. 손탁빈관에서 교류한 한국 측 인사로는 민영환1861-1905, 윤치호1865-1945, 이상재1850-1927를 비롯한 여러 정치인들이 있었다. 이들은 독립협회 창립 멤버들이었다. 독립협회는 서재필1864-1951의 발의로 서울에서 창설되었다. 필립 제이슨Philip Jaisohn이라는 이름으로도 잘 알려진 미국 시민권자 서재필은 대한제국의 독립을 위해 노력했고 한국 역사 최초의 근대적 일간지로 평가되는 〈독립신문〉을 한·영 양국어로 출간했다.

대한제국에서 일본의 영향력이 강화되면서 한성부에서 손탁의 활동도 마침표를 찍게 되었다. 미래를 예견한 손탁은 이미 청일 전쟁 발발1904 이전에 손탁빈관을 프랑스인 보에J. Boher에게 매각했다. 1917년에 이화여고가 역사적인 가치를 지닌 이 건물을 매입했고 1923년에 철거될 때까지 기숙사로 사용했다.

일본인 공직자들이 대한제국 정부 요직을 독점하면서 서양인 전문가 다수가 대한제국을 떠나기로 결정했다. 리햐르트 분쉬 박사는 1905년 6월 17일 자 편지에서 손탁이 유럽으로 휴가를 떠난다고 썼다. 공식적인 여행 목적은 개인 용무와 상속 문제 해결이라고 밝혔다. 그러나 사실은 유럽 체류 중에(시점은 1905년 러일전쟁 종전 후) 서구열강에 고종 황제 밀지를 전하기 위해 떠난 것이다.

1905년 11월 30일 민영환이 자결하였다. 대한제국의 외교적 독립을 박탈한 을사늑약을 인정할 수 없었기 때문이다. 애국지사 민영환은 명함 뒷면에 친필로 쓴 유서 다섯 부를 남겼다. 유서에서 중국, 영국, 미국, 프랑스와 독일 외교관들에게 대한제국 독립을 지원해 줄 것을 요청했다. 조선 동포 전체를 향한 유서도 남겼다.

손탁 또한 대한제국에서 일본이 세력을 키우는 것을 반대했다. 반일인사로 평가된 손탁은 대한제국을 떠나기로 결정했다. 대한제국의 정치 상황을 고려한 것 같다. 손탁은 전략적 사고를 했다. 그간의 활동을 통해 강대국 대사들과 우호적인 관계를 맺은 그녀는 고종 황제와 서구 세력들 사이에서 여러 차례 외교적 중재를 하거나 밀사 역할을 수행했다. 손탁이 러시아 첩자 혹은 이중 첩자라는 추측이 거듭 제기되었으나 지금까지 검증된 자료 중에 이러한 추측을 뒷받침할 증거는 발견되지 않았다.

일제의 대한제국 강점을 목전에 둔 1909년 9월 24일에 손탁은 대한제국 한성부를 떠났다. 독일인 교사 요한 볼얀Johann Bolljahn과 동행해서 증기선 '칭다오'를 타고 상하이로 이동했다. 상하이에서부터 프랑스 선박으로 환승해 마르세유로 향했다. 부자가 된 손탁은 조선에서 얻은 수양아들 이의운(1884년 한양 출생), 시녀 모다 다카하시(1867년생), 애견 아홉 마리를 대동하고 유럽으로 돌아갔다.

위: 한양 손탁빈관 앞에서 배버 부부와 엠마 크뢰벨.
아래: 한양에서 엠마 크뢰벨과 함께한 손탁. 옆 사람은 신원 미상 조선인.
파트리시아 드 마크 여사의 승인하에 복사 게재.

Der kaiserliche koreanische Hausminister mit seinen Palastdamen.
Frl. Sontag ╳ und Frau Hauptmann Kroebel ╳╳ (die Verfasserin des Buches).

esuch des Gouverneurs von Tsingtau Exzellenz Truppel bei der Obe
hofmeisterin des Kaisers von Korea Fräulein Sontag.

위: 손탁, 엠마 크뢰벨, 황실 궁내부 직원들이 함께한 사진. 출처: 엠마 크뢰벨의 여행기 『나는 어떻게 조선 황실에 오게 되었나』 1909.
아래: 한양에서 트루펠과 손탁.

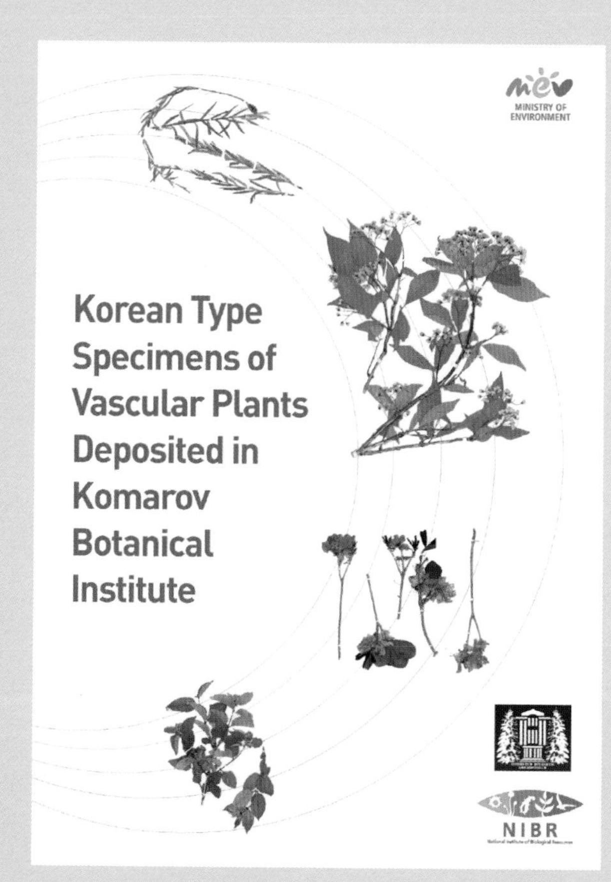

Contributors

>> National Institute of Biological Resources

Myounghai Kwak
Jina Lim
Byoungyoon Lee

>> Komarov Botanical Institute

Alisa E. Grabovskaya-Borodina
Irina D. Illarionova
Ivan V. Tatanov

Korean Type Specimens of Vascular Plants Deposited in Komarov Botanical Institute

Copyright ' 2013 by National Institute of Biological Resources
All right researved, No part of this book may be reproduced, stored in a retrieval system, or transmitted in may form or by any means, electronic, mechanical, Photocopying, recording, or otherwise, without prior written permission from the copyright owners.

Published in November 2013 by National Institute of Biological Resources
Printed in the republic of Korea

Suggested citation : M. Kwak, J. Lim, B. Lee, A.E. Grabovskaya-Borodina, I.D. Illarionova, I.V. Tatanov (2013). Korean Type Specimens of Vascular Plants Deposited in Komarov Botanical Institute. National Institute of Biological Resources, Incheon.

ISBN : 9788968110818 - 93480

Printed in Korea, 2013

Preface

Korea. On the British ship "Swallow" he reached South Korea in 1863 and gathered a considerable collection, many doublet specimens of which are in LE. His specimens are numbered and they usually have labels "Korean Archipelago", sometimes the location is detailed, for example "Hemschel Island, Korean archipelago" or "Port Hamilton". Oldham collected more than 13 000 herbarium specimens, they were studied by many botanists and more than tree dozen species were named by his name.

German geologist **Carl Christian Gottsche** (1855-1909), son of the botanist Carl Moritz Gottsche, gathered some plants on the way between Incheon and Seoul in 1883 - 1884. His collection was received by A. Engler in the Berlin Museum of natural history from where doublets were transferred to St. Petersburg. Polish collector **Jan Kalinowsky** gathered a considerable collection of plants in mountainous areas near Seoul during the entire field season of 1886. This collection was acquired by the Botanical Museum of the Academy of Sciences in S. Petersburg. In 1888 and in April 1889 Russian ship's doctor, zoologist and traveler **Alexander Alexandrovich Bunge** (son of the famous Russian botanist A.A. Bunge) gathered about 30 species of plants in Chemulpo (=modern Incheon). At the same time (1889) another doctor **Nikolai Constantinovich Epow** gathered plants around the Korean port of Gensang (= modern Wonsan) and in Fusang (=modern Busan) and sent them to the St. Petersburg Botanical garden. **Antuanette Sontag**, during her stay in the Russian diplomatic mission in Korea, collected a good herbarium collection with detailed labels (toponyms and the dates) in Seoul in 1893 - 1895's. Enumerated collections of 1880 - 1990s (and earlier) came in two Botanical institutions of St. Petersburg - the Botanical Garden and Botanical Museum of the Academy of Sciences and **Ivan Vladimirovich Palibin** (1872-1949; Figure 1), entered on the service in the St. Petersburg Botanical garden in 1895, determined these korean plants and summarized the data about them in the "Conspectus Florae Coreanae" (Palibin, 1899-1901) - actually the first

Figure 1. I.V. Palibin (1872-1949)

6 Korean Type Specimens of Vascular Plants Deposited in Komarov Botanical Institute

상트페테르부르크 소재 코마로프 식물연구소에서 발행한 책자. 한국형 식물 표본을 수록한 책으로 마리 앙투아네트 손탁이 제공한 표본이 소개되어 있다.
코마로프 식물연구소 알리사 보로디나의 승인을 받아 복사 게재.

Berberis koreana Palib. (매자나무)

Acta Horti Petrop. 17 : 22, tab. 1 (1899)

LE 01001564

Lectotype
Korea, Kyong-kwi: Seoul, Schin-ku-kai, 1894.06.18, A. Sontag.
Syntype
Korea, Kyong-kwi: in ditione Seoulensi Pauck-Han, 1894.05.09, A. Sontag.

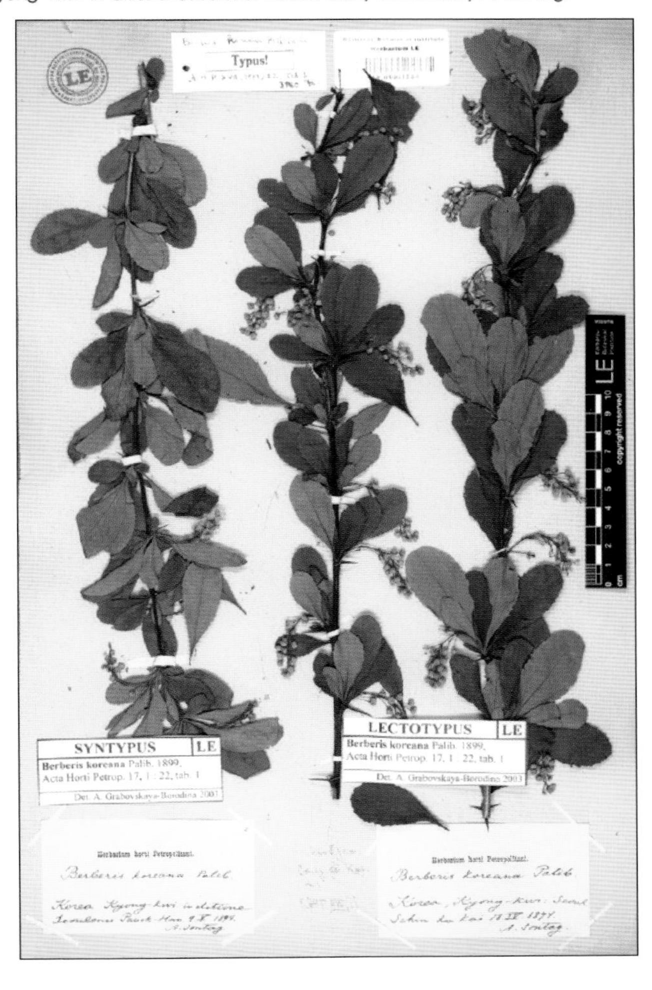

손탁의 식물 표본 샘플.
코마로프 식물연구소 알리사 보로디나의 승인을 받아 복사 게재.

Viola albida Palib. (태백제비꽃)

Acta Horti Petrop. 17 : 30 (1899)

LE 01001996

Lectotype
Korea, Seoul, Thee-Mun-An-Tai-Kul, 1894.04.29, A. Sontag.
Syntypes
Korea, Seoul, Schin-Ku-Kai, 1894.04.18, A. Sontag.
Korea, Seoul, Hut-Tschai-Meo, 1894.05.01, A. Sontag.

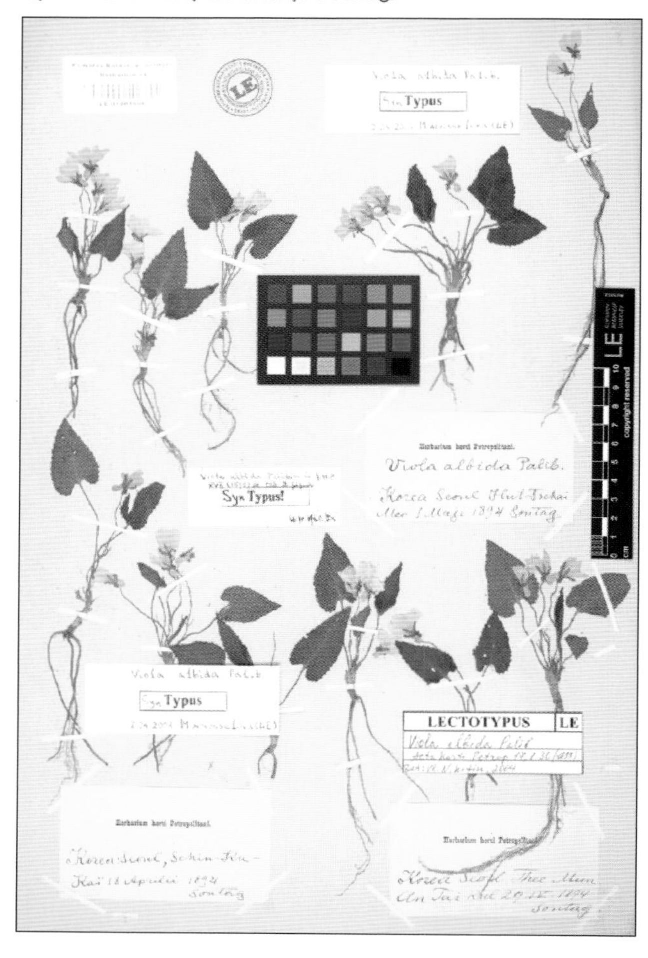

손탁의 식물 표본.
코마로프 식물연구소 알리사 보로디나의 승인을 받아 복사 게재.

ACTA
HORTI PETROPOLITANI.

TOMUS XVII.
FASCICULUS I.

ТРУДЫ
ИМПЕРАТОРСКАГО
С.-ПЕТЕРБУРГСКАГО БОТАНИЧЕСКАГО САДА.

ТОМЪ XVII.
ВЫПУСКЪ I.

СОДЕРЖАНІЕ:

С.-ПЕТЕРБУРГЪ.
Типо-Литографія „Герольда" (Вознесенскій пр. 3).
1899.

Mo. Bot. Garden,
1901.

— 6 —

городѣ Сеулѣ и Ниппонѣ, откуда впервые вывезъ коллекцію растеній. Англійскій консулъ въ Кореѣ А. В. Кэрлсъ въ **1885** году собралъ коллекцію растеній на горахъ около города Сеула.

Тамъ же, въ **1886** году, г. Калиновскій съ апрѣля по октябрь тщательно собралъ цѣнную коллекцію растеній. Около тридцати видовъ растеній собралъ на корейскомъ берегу докторъ А. А. Бунге, во время своего посѣщенія порта Чемульпо, въ апрѣлѣ **1889** года. Въ то же время докторъ Н. К. Эповъ сдѣлалъ небольшіе сборы растеній на восточномъ берегу полуострова, въ Кіонсанской и Хамгіонской провинціяхъ, около портовъ Фузанъ и Гензанъ.

Наиболѣе богатый матеріалъ для изученія флоры Кореи былъ собранъ въ провинціи Кіонъ-гы г. Антуанетой Зонтагъ, членомъ русскаго посольства въ Кореѣ, которая съ **1893** по **1895** годъ собирала растенія преимущественно около г. Сеула и въ слѣдующихъ къ нему прилегающихъ мѣстностяхъ: Ай-о-куй, Мабэнъ, Чжа-кіоль-на, Ху-чжу-мянь, Аръ-ва-тай-кіоль, Шэнъ-ку-кай, Жукъ-чжу-абъ, Тэ-мунь-ань-тай-кіоль, Ху-чжай-моу, Хонь-чжу-ванъ, Тапъ-Тонгъ, Тунь-кванъ-тай-кіоль, Ванъ-

tempus moratus, primus ex his locis collectionem attulit. Legatus Magnae Britaniae in Korea cl. A. W. Carles collectionem plantarum anno **1885** in montibus prope urbem Seoul decerpsit.

Ibidem cl. Kalinowsky ab Aprili mense usque Octobrem anni **1886** collectionem pretiosam sedulo collegit. Circiter triginta species plantarum cl. A. Bunge fil. medicinae doctor Aprili mense a. **1889** litora Koreae ad portum Chemuplo visitans legit. Eodem tempore cl. N. C. Epow medicinae doctor in litore orientali in prov. Kyong-sang ad portum Fusan et in prov. Ham-Gyong (ad portum Gensang) plantarum pugillum composuit.

Plantarum numerus adhuc e Korea locupletissimus a cl. D-na Ant. Sontag, socia legationis rossicae in Korea, in prov. Kyong-kwi inter annos **1893** et **1895** collegit praesertim circa urbem Seoul et in locis adjacentibus: Aï-O-Quoï, Mabon, Tscha-kol-Nau, Hut-Schu-Mian, Ar-va-Tai-Kul, Schin-Ku-Kaï Juck-Tschu-Ab, Thee-Mun-An-Tai-Kul, Hut-Tschai-Meo, Han-Tschu-Wan, Bacton, Tap-Tong, Tun-Kwan-Tai-Kul, Van-Tang-San, in monte Nansan (a Seoul versus meridiem) Yran-san, in trajectu ad viam in Pekin du-

팔리빈(Palibin)이 손탁 식물 표본을 처음 언급한 러시아 자료(1898).
코마로프 식물연구소 알리사 보로디나의 승인을 받아 복사 게재.

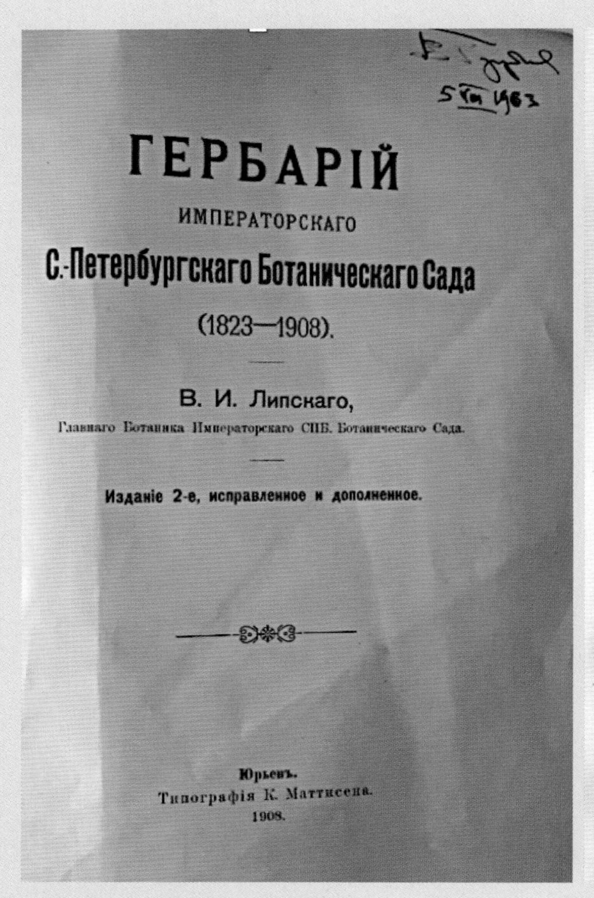

ГЕРБАРІЙ
ИМПЕРАТОРСКАГО
С.-Петербургскаго Ботаническаго Сада
(1823—1908).

В. И. Липскаго,
Главнаго Ботаника Императорскаго СПБ. Ботаническаго Сада.

Изданіе 2-е, исправленное и дополненное.

Юрьевъ.
Типографія К. Маттисена.
1908.

Еленкинъ А. А., Мхи Мурмана 1905—1906, получ. 1906. № 86 . . . . 60 вид. (600 экз.).
— Лишайники Мурмана 1905—1906, получено 1906. № 87 . . . . 60 вид. (600 „).
— Морскія водоросли Мурмана 1905—1906, пол. 1906. № 88 . . . . 60 вид. (10000 „).
Елкинъ капит. (Jolkin), Японія 1855 (въ герб. Максимовича).
Ельскій, Кайенна (папоротники), получ. отъ Цибульскаго 1869. № 10. . . . . 36 вид.
Ерамасовъ, Грибы Самар. губ., (отъ А. А. Ячевскаго) 1898. № 21 . . . . 50 вид. (200 экз.).

Жемчужниковъ, Мугоджарскія горы (см. *Липскій*, Флора Сред. Азіи, стр. 376).

Заблоцкій-Десятовскій, Красноводскій заливъ 1836 (см. *Липскій*, Флора Сред. Азіи, стр. 376).
Заболотный Д. К., Пекинъ-Хинганъ 1898 (Высшихъ 200, Лишайниковъ 6, Грибовъ 2, Мховъ 1, Selaginella 1), (даръ) 1899. № 16, всего . 210 вид. (900 экз.).
— Калганское ущелье и Сибирь 1898 г., (даръ) 1900. № 32.
— Байкалъ 1898, (даръ) 1905. № 18 . . . . . 37 вид.
Захарьина Е. А., Кубан. обл., (даръ) 1905. № 58 . 140 „
— Кубан. обл., получ. 1906. № 112. . . . . . 60 „
— Кубан. обл. 1906, получ. 1907. № 18 . . . . 9 „
— Кавказъ (Кавказскій герб.). . . . . 1 „
Зейдлицъ, Лифляндск. губ., получ. 1874. № 4 (а). 1000 „
Зеленецкій, Южн. Россія и Закавказье, получ. 1887. № 12 . . . . 39 „
Зензиновъ М. С., Нерчинскъ, получ. 1856. № 255 . 400 „
Зонтагъ Г-жа, Корея, получ. 1895. № 42 . . . . 2130 экз.
— Корея, Сеулъ 1895, (куп.) 1898. № 13 . 50 вид. (400 экз.).
Зубовъ Н., Дельта Аму-дарьи 1874 (см. *Липскій*, Флора Сред. Азіи, стр. 380).

손탁의 식물학 작업에 대한 출판물(1908).
코마로프 식물연구소 알리사 보로디나의 승인을 받아 복사 게재.

대한제국 한성부를 떠나 상트페테르부르크, 라데보일, 칸을 향해서

인간은 무엇으로 이루어지는가? 육체와 영혼, 그리고 여권이다. −러시아 속담

1891−1893년에 카를 폰 배버는 고향에서 휴가를 보내면서 상트페테르부르크 아카데미의 지리학 프로젝트에 참가한다. 중점 과제는 중국 북동지역의 상세 지도 제작이었다. 중국학을 전공한 외교관 배버는 이 과제를 정밀하게 완수했다. 네바 강가의 상트페테르부르크는 배버가 학창시절부터 정신적 고향으로 여기던 곳이다. 이 도시에는 문화, 정치, 학문적 관심을 가진 엘리트들이 모여들었고 생각이 통하는 사람들이 살롱과 강연장에서 교류했다.

이 시기 상트페테르부르크에서 촬영한 사진을 보자. 당시에 동아시아 전문가들이 상호 교류했다는 것을 알 수 있다. 아마도 학술원 앞에서 촬영한 것으로 추정되는 기념사진에 배버 부부, 오토 폰 묄렌도르프1848-1903도 보인다. 동물학자이자 지리학자인 오토 묄렌도르프 역시 상트페테르부르크에 학연이 있었고 톈진 재임기부터 배버와 친한 사이였다. 사진 속 두 번째 부부는 언어학, 민속학, 중국학을 연구한 빌헬름

그루베Wilhelm Grube, 1855-1908와 그의 젊은 아내 엘리자베트 그루베Elisabeth(Lily Grube, 1865-1940)이다. 엘리자베트는 상트페테르부르크에서 이곳 토박이 빌헬름 그루베와 결혼했다. 바실리예프와 안톤 시프너Anton Schiefner, 1817-1879 문하에서 1874–1878년에 수학한 빌헬름 그루베는 상트페테르부르크 동아시아학 전통을 독일에 수용한 학자이다. 빌헬름 그루베는 게오르크 폰 데어 가벨렌츠Georg von der Gabelentz, 1840-1893의 제자가 되었다. 아시아 전문가 가벨렌츠는 라이프치히의 언어학자이다. 그루베는 박사 학위 취득 후에 라이프치히 대학 강사로 출강했고, 1882년에 상트페테르부르크 황실학술원 산하 아시아박물관으로 발령받았다. 1883년에 그는 신설된 베를린 민속박물관으로 이직했다. 이 시기에 베를린의 대학에 강사로 출강하기도 했다. 그루베는 인정받는 학자였지만 배버와는 달리 현실에 어두웠다. 그는 1897–1898년에 부인과 함께 동아시아로 장기간 여행을 감행했다. 2007년에 하르트무트 발라벤Hartmut Walraven이 편찬한 빌헬름 그루베의 삶과 저작에 관한 책을 보자. 이 책에 수록된 서한을 읽어 보면, 그루베가 얼마나 실력 있는 학자였는지 알 수 있다. 하지만 현지인의 실제 일상이나 현지 정치 상황에 대한 이해가 부족한 점도 드러난다. 그루베는 쾌적하지 못한 동아시아 현지 환경을 종종 한탄했다. 일본행 증기선이 짧은 기간(1898년 6월 12–14일)만 제물포에 정박했고, 폭우로 인해 여로가 험해지자 그루베는 한양 방문을 포기했다.

배버는 개인적, 외교적으로 다사다난한 상황에 직면했고, 가족과 함께 이러한 도전들을 이겨냈다. 1895년 7월 18일 상트페테르부르크 러시아 외무성은 배버를 멕시코 특임 전권공사로 전보 발령했다. 하지만 조선의 정치 상황과 고종의 아관파천으로 인해 러시아 외무성의 계획은 수포로 돌아갔다. 앞서 언급했듯이 조선 재임 중에 러시아 국익을 위한 공로를 인정받은 배버는 귀족 작위를 받고 1898년에 세인트안나 훈장을 수훈했다. 1900년 12월 15일 자 인사발령장에 의하면 배버는 병환으로 명예 퇴직한다(1901년 1월 12일 외무성 관보 1호 참조).

이제 배버는 자신의 학문적 관심사에 더 집중할 수 있게 되었다. 배버 가족은 상트페테르부르크의 바실리예프-오스트로프Васильевский остров(3-й ряд, дом № 20, кв. 5)에 새로이 정착했다. 해당 건물 사진 두 장을 이 책에 수록한다. 필자의 딸 파멜라가 2015년에 촬영한 사진이다. 상트페테르부르크 시내의 좋은 구역에 위치한 전형적인 주택 모습이다.

유명한 공증사 콘스탄틴 뢰리히Konstantin Christoph Traugott Glaubert Roerich, 1837-1900는 네바강이 보이는 니콜라예프스키 강변 구역에서 공증사무소를 운영했다. 그는 쿠를란트 하젠포트Hasenpoth(Aizpute) 태생으로 스웨덴-덴마크-발트독일인 혼혈이다. 뢰리히가 리바우에서 겨우 50km 떨어진 곳에서 태어났고 1863년부터 상트페테르부르크에서 활동했기 때문에, 뢰리히와 배버는 다년간 친분을 쌓을 수 있었다. 뢰리히 공증사무소의 신용은 정평이 나서 부유한 고객들이 주요 공증 사무를 의뢰했다. 뢰리히는 이미 1872년에 상트페테르부르크 지방 법원 공증사가 되었다. 부인 마리아는 학자와 예술가들이 교류할 수 있도록 자택을 개방했고 저녁이면 자주 손님을 초대했다. 자유주의 성향의 뢰리히는 독립된 법원 시설 설립을 지원했고 학문과 예술에 관심을 기울였다. 저명한 화학자 디미트리 멘델레예프Dimitri I. Mendelejew, 1834-1907와 화가 미하일 미케신Michail O. Mikeschin, 1835-1896이 뢰리히 자택에서 교류했다. 카를 폰 배버의 대학 시절 은사였던 동양학자 콘스탄틴 골춘스키Konstatin F. Golstunsky, 1831-1899가 뢰리히 자택 모임에서 몽고여행담을 소개하기도 했다. 이러한 분위기에서 지적 자극과 영향을 받으며 성장한 공증사의 아들 니콜라스 뢰리히Nicholas Roerich, 1874-1947가 후일 작가, 고고 인류학자, 여행가, 철학자로 활동한 것은 놀라운 일이 아니다. 니콜라스 뢰리히는 '히말라야 화가'로 알려져 세계적 명성을 얻었다.

배버 가족 유품 중에 공증사 콘스탄틴 뢰리히가 공증한 러시아어 증명서 한 장이 남아 있다. 해독하기 어려운 필사본 문서를 번역해 주신 바이마르의 미하일 라르Mihail Rahr 수석사제께 감사드린다. 미하일 라르의 부친 글렙 라르Gleb A. Rahr, 1922-2006는 리바우 태생이다.

1898년 7월 15일자 공증서에는 배버의 차남 오이겐의 사진이 부착되어 있다. 이 문서는 배버 가족과 뢰리히 가족의 친분을 보여 준다. 공증서 텍스트 내용 중에 "나와 개인적 친분이 있는 오이겐 배버"라는 구절이 들어 있기 때문이다.

3593번 공증서를 보자. 공증사 뢰리히는 보스네젠스키(Санкт-Петербург, адмиралтейская часть, Вознесенский проспект, д. 12) 주민 오이겐 폰 배버의 사진을 규정에 맞게 인화했고 본인이 친필 서명했음을 확인했다. 이 공증서는 추밀원 의원 카를 배버Karl I. Waeber 차남 오이겐의 '상급학교' 제출용으로 작성되었다. 1909년에 오이겐이 학우들과 함께 촬영한 단체 사진을 보자. 오이겐 폰 배버는 상트페테르부르크 대학에서 세부 전공을 '도로건설'로 확정하고, 공학도의 길을 걷기 시작했다.

30년간 동아시아에 체류한 배버 부부는 다시 상트페테르부르크로 돌아와 삶의 구심점을 찾았다. 관련 자료가 이 사실을 증빙한다.

배버의 요청으로 1907년에 카를 폰 배버의 친척이 한지 공예품 컬렉션 일부를 상트페테르부르크의 쿤스트카메라 박물관에 기증했다. 쿤스트카메라 설립자는 표트르 1세이다. 배버의 수집품들은 목록번호 227-121/18946으로 등록 소장되었다. 예술미 풍부한 조선 부채들, 편지봉투, 한지 표본들이다. 19세기 말 조선의 한지 공예의 수준이 얼마나 훌륭했는지 보여 준다. 고종 임금 알현을 위한 귀중한 초대장들도 이 박물관에 기증되었다. 모든 수집품이 배버와 조선의 밀접한 관계를 기록하고 있으며 배버가 한국 문화를 얼마나 높이 평가했는지 보여 준다. 조선에서 러시아 공사를 역임한 배버가 학창시절에 배움과 연구의 터전이었던 도시 상트페테르부르크에 이러한 선물을 했다. 한 편의 대화에 초대한 것과 같은 제스처라고 볼 수 있다. 이러한 맥락에서 배버가 고향인 발트제국 리가 박물관의 3개 전시실에서 조선에서 가져온 수집품 전시회를 개최한 것도 흥미롭다. 소액입장료 30코펙이 모여 12,000루벨에 이르는 거액이 되었다. 배버는 수익금을 리가의 빈민들을 위해 기부했다. 프로테스탄트 교육을 받은 카를 폰 배버는 평생 타인을 배려하고 사회적 의무를 다하는 인간으로 살았다.

퇴직 후에 배버는 비로소 자신의 학문적 관심에 더 집중할 수 있었다. 1907년에 그의 저작이 상트페테르부르크에서 출판되었다. 제목은 『조선 지명의 음차 표기에 관한 제안』과 『한국어와 중국 한자의 한국어 음차』이다. 배버의 저작은 러시아에서 한국학 연구에 중요한 이정표가 되었다.

배버 가족은 이제 삶의 터전을 독일 드레스덴으로 옮겼다. 배버 가족 일원이라고 할 수 있는 손탁은 프랑스 칸으로 이사했다. 마리 앙투아네트 손탁은 1907년 프랑스 리비에라Riviera에 빌라 한 채를 구입했다. 유제니의 큰오빠 카를 아우구스트 마크Carl August Maack, 1824-1898가 평생 작센의 왕도 드레스덴에서 살았다. 배버 부부도 드레스덴 근교에 정착했다. 그들은 '작센주의 니스'라는 별칭을 가진 라데보일Radebeul에서 만년을 보내기로 결정했다.

훈장을 착장한 예복을 입은 카를 폰 배버. 예복 모자를 들고 있다.

배버 부부, 빌헬름 그루베 부부, 오토 폰 묄렌도르프. 1890-1891년경 상트페테르부르크에서 촬영한 단체 사진.

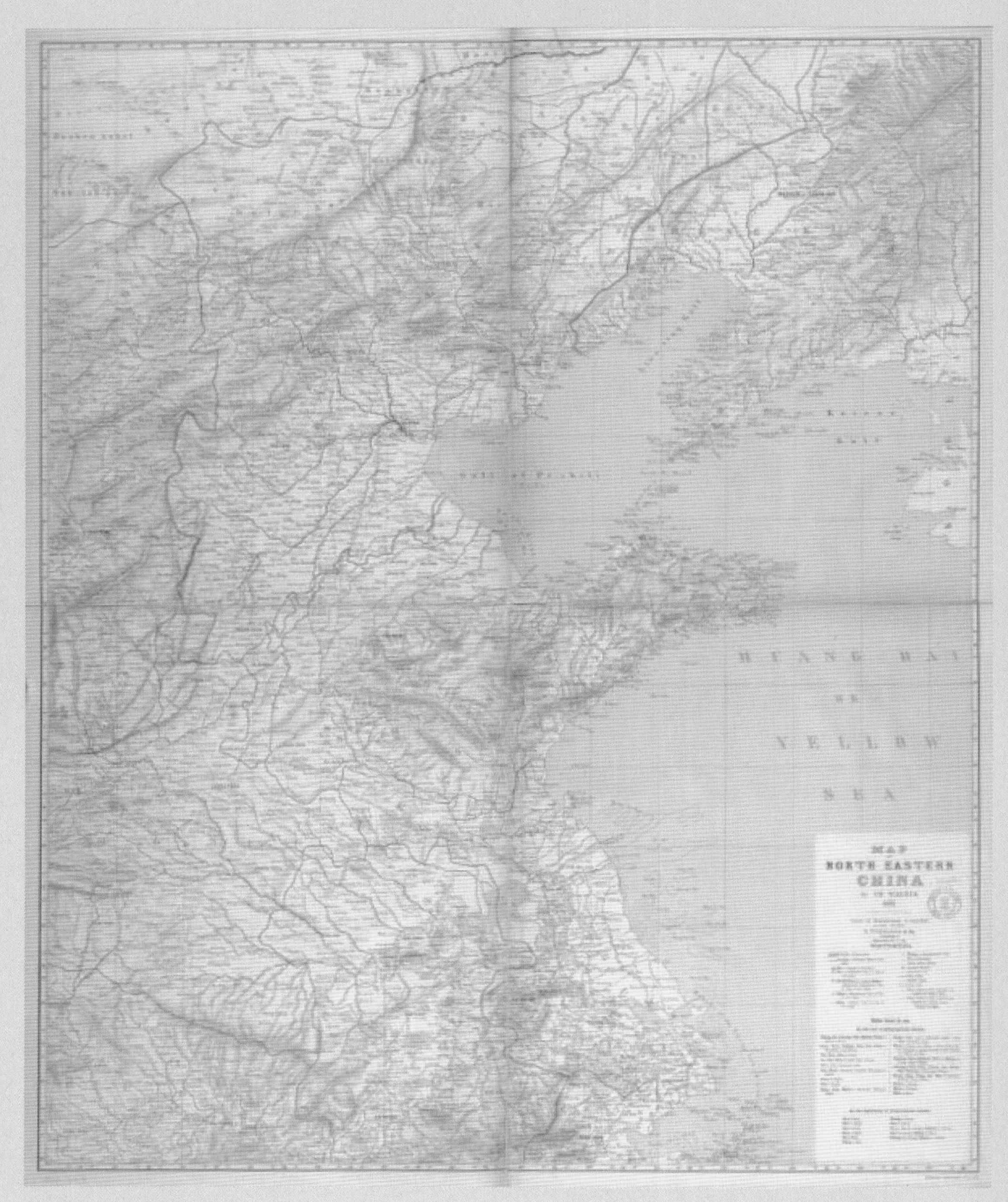

배버가 제작한 중국 북동부 지도.

위: 1898년에 공증사 콘스탄틴 뢰리히가 오이겐 폰 배버에게 발급한 공증문서 1.
아래: 1898년에 공증사 콘스탄틴 뢰리히가 오이겐 폰 배버에게 발급한 공증문서 2.

1909년 상트페테르부르크에서 학우들과 함께한 오이겐 폰 배버.

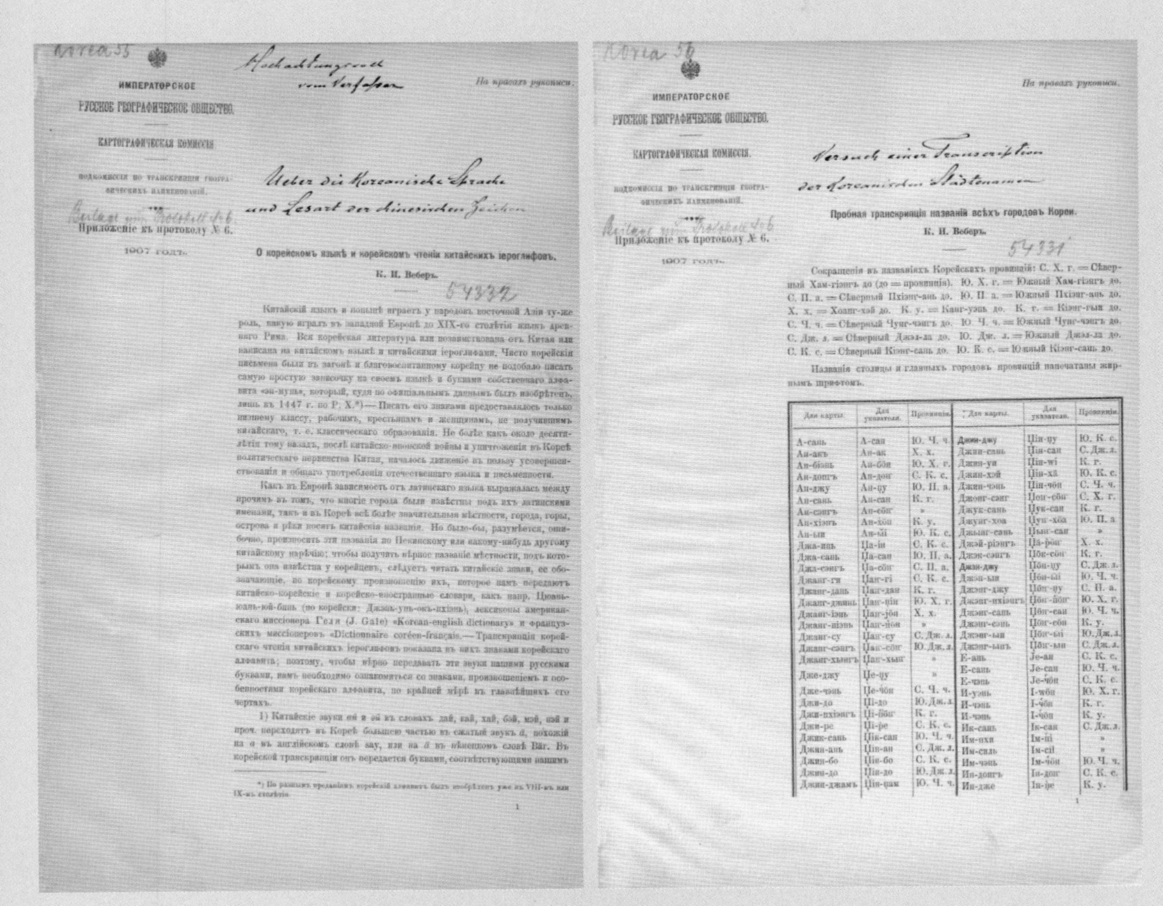

Korea 55

Hochachtungsvoll vom Verfasser

На правахъ рукописи.

ИМПЕРАТОРСКОЕ

РУССКОЕ ГЕОГРАФИЧЕСКОЕ ОБЩЕСТВО.

КАРТОГРАФИЧЕСКАЯ КОМИССІЯ.

ПОДКОМИССІЯ ПО ТРАНСКРИПЦІИ ГЕОГРАФИЧЕСКИХЪ НАИМЕНОВАНІЙ.

Beilage zum Protokoll No 6.

Приложеніе къ протоколу № 6.

1907 годъ.

Ueber die Koreanische Sprache und Lesart der chinesischen Zeichen

О корейскомъ языкѣ и корейскомъ чтеніи китайскихъ іероглифовъ.

К. И. Веберъ.

54332

Китайскій языкъ и нынѣ играетъ у народовъ восточной Азіи ту-же роль, какую игралъ въ западной Европѣ до XIX-го столѣтія языкъ древняго Рима. Вся корейская литература или позаимствована отъ Китая или написана на китайскомъ языкѣ и китайскими іероглифами. Часто корейскія письмена были въ загонѣ и благовоспитанному корейцу не подобало писать самую простую записочку на своемъ языкѣ и буквами собственнаго алфавита «эн-мунь», который, судя по официальнымъ даннымъ былъ изобрѣтенъ лишь въ 1447 г. по Р. Х.*) — Писать его знаками предоставлялось только низшему классу, рабочимъ, крестьянамъ и женщинамъ, не получившимъ китайскаго, т. е. классическаго образованія. Не болѣе какъ около десятилѣтія тому назадъ, послѣ китайско-японской войны и уничтоженія въ Кореѣ политическаго первенства Китая, началось движеніе въ пользу усовершенствованія и общаго употребленія отечественнаго языка и письменности.

Какъ въ Европѣ зависимость отъ латинскаго языка выражалась между прочимъ въ томъ, что многіе города были извѣстны подъ ихъ латинскими именами, такъ и въ Кореѣ всѣ болѣе значительныя мѣстности, города, горы, острова и рѣки носятъ китайскія названія. Но было-бы, разумѣется, ошибочно, произносить эти названія по Пекинскому или какому-нибудь другому китайскому нарѣчію; чтобы получить вѣрное названіе мѣстности, подъ которымъ она извѣстна у корейцевъ, слѣдуетъ читать китайскіе знаки, ее обозначающіе, по корейскому произношенію ихъ, которое намъ передаютъ китайско-корейскіе и корейско-иностранные словари, какъ напр. Цюань-юань-юй-бянь (по корейски: Джэнь-унь-окъ-пхіэнь), лексиконы американскаго миссіонера Геля (J. Gale) «Korean-english dictionary» и французскихъ миссіонеровъ «Dictionnaire coréen-français.— Транскрипція корейскаго чтенія китайскихъ іероглифовъ показана въ нихъ знаками корейскаго алфавита; поэтому, чтобы вѣрно передавать эти звуки нашими русскими буквами, намъ необходимо ознакомиться со знаками, произношеніемъ и особенностями корейскаго алфавита, по крайней мѣрѣ въ главнѣйшихъ его чертахъ.

1) Китайскіе звуки *ай* и *эй* въ словахъ дай, кай, хай, бэй, мэй, нэй и проч. переходятъ въ Кореѣ большею частью въ сжатый звукъ *ä*, похожій на *a* въ англійскомъ словѣ say, или на *ä* въ нѣмецкомъ словѣ Bär. Въ корейской транскрипціи онъ передается буквами, соотвѣтствующими нашимъ

*) По разнымъ преданіямъ корейскій алфавитъ былъ изобрѣтенъ уже въ VIII-мъ или IX-мъ столѣтіи.

1

Korea 56

На правахъ рукописи.

ИМПЕРАТОРСКОЕ

РУССКОЕ ГЕОГРАФИЧЕСКОЕ ОБЩЕСТВО.

КАРТОГРАФИЧЕСКАЯ КОМИССІЯ.

ПОДКОМИССІЯ ПО ТРАНСКРИПЦІИ ГЕОГРАФИЧЕСКИХЪ НАИМЕНОВАНІЙ.

Beilage zum Protokoll No 6

Приложеніе къ протоколу № 6.

1907 годъ.

Versuch einer Transcription der Koreanischen Stadtenamen

Пробная транскрипція названій всѣхъ городовъ Кореи.

К. И. Веберъ.

54331

Сокращенія въ названіяхъ Корейскихъ провинцій: С. Х. г. = Сѣверный Хам-гіэнгъ до (до = провинція). Ю. Х. г. = Южный Хам-гіэнгъ до. С. П. а. = Сѣверный Пхіэнг-ань до. Ю. П. а. = Южный Пхіэнг-ань до. Х. х. = Хоанг-хэй до. К. у. = Канг-уэнь до. К. г. = Кіэнг-гыи до. С. Ч. ч. = Сѣверный Чунг-чэнгъ до. Ю. Ч. ч. = Южный Чунг-чэнгъ до. С. Дж. л. = Сѣверный Джэл-ла до. Ю. Дж. л. = Южный Джэл-ла до. С. К. с. = Сѣверный Кіэнг-сань до. Ю. К. с. = Южный Кіэнг-сань до.

Названія столицы и главныхъ городовъ провинцій напечатаны жирнымъ шрифтомъ.

Для карты.	Для указателя.	Провинція.	Для карты.	Для указателя.	Провинція.
А-сань	А-сан	Ю. Ч. ч.	**Джин-джу**	Цін-цу	Ю. К. с.
Ан-акъ	Ан-ак	Х. х.	Джин-сань	Цін-сан	С. Дж. л.
Ан-біэнь	Ан-бён	Ю. Х. г.	Джин-уи	Цін-wi	К. г.
Ан-донгъ	Ан-дон	С. К. с.	Джин-хэй	Цін-ха	Ю. К. с.
Ан-джу	Ан-цу	Ю. П. а.	Джин-чэнь	Цін-чон	С. Ч. ч.
Ан-сань	Ан-сан	К. г.	Джонг-сонг	Цон-сон	С. Х. г.
Ан-сэнгъ	Ан-сон	»	Джук-сань	Цук-сан	К. г.
Ан-хіэнь	Ан-хён	К. у.	Джунг-хоа	Цун-хва	Ю. П. а.
Ан-ыи	Ан-ы	Ю. К. с.	Джыыг-сань	Цын-сан	»
Джа-инь	Ца-ін	С. К. с.	Джэй-ріэнгъ	Цэ-рён	Х. х.
Джа-сань	Ца-сан	Ю. П. а.	Джэк-сэнгъ	Цок-сон	К. г.
Джа-сэнгъ	Ца-сон	С. П. а.	**Джэн-джу**	Цон-цу	С. Дж. л.
Джанг-ги	Цан-гі	С. К. с.	Джэн-ыи	Цон-ы	Ю. Ч. ч.
Джанг-дань	Цан-дан	К. г.	Джэнг-джу	Цон-цу	С. П. а.
Джанг-джинь	Цан-цін	Ю. Х. г.	Джэнг-пхіэнгъ	Цон-пён	Ю. Х. г.
Джанг-іэнь	Цан-ён	Х. х.	Джэнг-сань	Цон-сан	Ю. Ч. ч.
Джанг-піэнь	Цан-пён	»	Джэнг-сэнь	Цон-сон	К. у.
Джанг-су	Цан-су	С. Дж. л.	Джэнг-ыи	Цон-ы	Ю. Дж. л.
Джанг-сэнгъ	Цан-сон	Ю. Дж. л.	Джэнг-ынъ	Цон-ын	С. Дж. л.
Джанг-хынгъ	Цан-хын	»	Е-ань	Је-ан	С. К. с.
Дже-джу	Це-цу	»	Е-сань	Је-сан	Ю. Ч. ч.
			Е-чэнь	Је-чон	С. К. с.
Дже-чэнь	Це-чон	С. Ч. ч.	И-уэнь	І-wон	Ю. Х. г.
Джи-до	Ці-до	Ю. Дж. л.	И-чэнь	І-чон	К. г.
Джи-пхіэнгъ	Ці-пён	К. г.	И-чэнь	І-чон	К. у.
Джи-ре	Ці-ре	С. К. с.	Ик-сань	Ік-сан	С. Дж. л.
Джик-сань	Цік-сан	Ю. Ч. ч.	Им-пха	Ім-пі	»
Джин-ань	Цін-ан	С. Дж. л.	Им-силь	Ім-сіl	»
Джин-бо	Цін-бо	С. К. с.	Им-чэнь	Ім-чон	Ю. Ч. ч.
Джин-до	Цін-до	Ю. Дж. л.	Ин-донгъ	Ін-дон	С. К. с.
Джин-джамъ	Цін-цам	Ю. Ч. ч.	Ин-дже	Ін-це	К. у.

1

카를 폰 배버가 집필한 한국어에 관한 논고. 페르테스(고타 연구 도서관)에 헌정했다.
에어푸르트 대학 고타 연구 도서관 페르테스 자료 분과의 승인을 받아 복사 게재.

카를 폰 배버가 가족과 함께 거주했던 상트페테르부르크 주택의 현재 모습. 2015년 파멜라 브래젤 촬영.

빌헬름 그루베 교수의 노년 사진(http://oriens-extremus.org/wp-content/uploads/2017/11/OE-54-10.pdf).

잘 다져진 길만 가지 말고, 아직 아무도 가지 않은 길을 가라.
먼지가 아니라 발자취를 남길 수 있도록. –앙투안 드 생텍쥐페리

4.1.

프랑스 칸의 손탁 저택 '고요한 아침': 제1차 세계대전 전후 혼란기 다국적 지인들의 피난처

프랑스 칸 시립 기록보관소에 소장된 토지등기본 100/2836을 보자. 마리 앙투아네트 손탁은 1907년에 아네모네 거리Rue de Anemones 프티쥐아스코트드르와Petit Juas Cote Droit 구역에 위치한 빌라를 마리 젤네르Marie Jelner 부인으로부터 매입했다. '멋쟁이 사랑꾼'이라는 택호를 가진 빌라였다. 자신이 오래 체류했던 나라, 조선-대한제국을 기리기 위해 손탁은 빌라의 택호를 '고요한 아침'으로 바꾸었다.

현재 르네 비글리에노René Viglieno거리에 위치한 이 택지는 유명한 불바르 카르노Boulevard Carnot 근처이다. 여러 외국어를 구사하는 칠순 노부인 손탁은 프랑스 리비에라에서 만년을 보낼 적당한 저택을 찾기 위해 고단한 유럽 여행을 감행했다. 미래를 예견한 손탁은 일제가 대한제국을 강점하기 전 1909년에 대한제국을 떠났다. 하지만 떠날 때까지만 해도 손탁은 미처 알지 못했다. 프랑스에 새로 마련한 자택이 다국적 지인들의 피난처가 될 것이라는 사실을.

20세기 전반 유럽과 동아시아 정세 변화는 배버-마크-손탁 가족사에 영향을 미친다. 이제 손탁의 저택이 국제적 변화를 상징적으로 반영하는 피난처가 되는 이야기가 시작된다. 눈에 잘 안 띄는 메모들이 관공서 기록에 남아서 파란만장한 이야기를 전해 준다. 제1차 세계대전의 결과로 라트비아와 에스토니아가 독립하면서 마크 가문의 재산이 몰수되었다. 마크 가족은 정착지를 떠나서 프랑스 칸으로 이주했다.

러시아에 10월 혁명이 일어나자 상트페테르부르크에 정착했던 마크 가문 기타 구성원들도 러시아를 떠나 프랑스의 칸으로 이주했다.

내 딸 파멜라가 2013년 프랑스 칸에서 나의 취재를 도왔다. 이 작업을 통해 손탁과 주변 인물들의 생애를 객관적으로 재현할 수 있었다. 손탁이 1925년경에 소련에서 비극적으로 사망했다는 억측이 수십 년간 무성했다. 동서 양진영 간의 냉전으로 인해 억측은 커져만 갔다.

경계를 넘어 역사에 남은 배버-마크-손탁 가문의 가계는 악조건 속에서도 살아남았다. 이들의 국제적 가족사는 민족과 국가의 경계를 넘어서 다른 문화에 대한 열린 태도를 보여 준다. 전통을 존중하면서도 혁신을 추구하는 삶의 태도는 새로운 정착지에서도 견지했다.

1921년과 1926년에 칸에 등록된 모든 가구, 모든 구성원 수를 파악한 인구전수조사는 중요한 사료이다. 원본이 보존된 인구조사 기록은 제1차 세계대전 후에(러시아 제국 몰락, 라트비아와 에스토니아 독립, 알자스 지방 프랑스 국토로 복속) 다국적 거주자가 서로 다른 사연으로 손탁 저택 한 지붕 아래 살았다는 사실을 증빙한다. 마리 앙투아네트 손탁의 여동생 마리 파울리네 마크(친정 성은 손탁)는 남편 알렉산더와 함께 상트페테르부르크를 떠나 칸으로 이주했다. 알렉산더의 형제와 친척들도 뒤따라 칸으로 왔다. 파트리시아 드 마크Patricia de Maack의 조부, 의사 게오르크 드 마크 박사Dr. Georg Oscar Boris de Maack, 1882-1938(애칭은 게오르기)와 부인 루이제 알마Louise-Alma(친정 성은 로이칭어Leuzinger: 1884-1977)도 왔다. 게오르크 오스카 보리스 드 마크는 유제니 폰 배버의 친오빠 게오르크 에두아르트 마크Georg Eduard Maack, 1843-1906의 아들이다. 가계는 게오르기 마크 항렬로 이어진다. 손탁의 여동생 파울리네 마크가 슬하에 자녀가 없었기 때문이다. 마크 가족사는 다른 문화권이 이국 사회로 이주한 이주민이 근면 성실하게 노력하여 성공하는 과정을 인상적인 방식으로 보여 준다. 1915년 상트페테르부르크에서 출생한 앙드레 파트릭 드 마크André Patrick de Maack는 파트리시아Patricia de Maack의 부친이다. 앙드레 파트릭은 1998년 파리에서 작고했고 유명한 페르 라셰즈Père Lachaise 공동묘지에 명예롭게 안장되었다. 이 가족은 체화된 국제성과 포용하는 정신을 보여 준다. 태생을 부정하지 않으면서, 이미 한 세기 이전에 다양한 국가와 문화권에서 자신의 자리를 찾고 새로운 환경에서 적극적으로 사회에 공헌할 수 있었다. 예컨대 프랑스에서 태어난 발트독일인 후손 파트리시아 드 마크는 러시아어도 완벽하게 구사한다. 그녀의 독일계 선조들은 옛날 러시아 제국에서 러시아어로 활동하며 사회적 신분 상승을 할 수 있었다.

유제니 폰 배버는 1921년 남편 카를 폰 배버가 작고한 후에 최소 몇 달간 프랑스 칸에 있는 손탁 저택에서 등록된 주민으로 생활했다. 인구조사 기록을 보면 알 수 있다. 배버와 손탁 가족이 가족처럼 가까운 관계였다는 것을 알 수 있다. 인구자료에 친척 관계, 국적, 출생지를 정확하게 명시하기 때문에, 당시 손탁 저택에 거주하던 모든 사람의 신분을 명백히 확인하고 분류할 수 있었다.

1921년 인구자료를 보자. 손탁과 가족들이 손탁의 시종이자 수양아들 이의운을 배려했다는 사실까지도 간접적으로 드러난다. 이의운에 대해 "1884년 한양에서 출생한 일본 국적자"로 기록되어 있다. 마치 통속 소설처럼 들리지만 증명서를 보면 다음과 같은 사실이 증명된다. 손탁 사후에도 이의운이 프랑스에 체류할 권리를 확보하기 위해, 1923년 11월 28일 프랑스 칸의 호적사무소에서 엠마 클레멘츠Emma Clementz(1905

년생)와 이의운을 결혼시켰다. 엠마는 손탁의 고향 알자스 출신으로 프랑스 국적이다. 이의운보다 20살 연하의 하녀였다. 당시 일본 식민지였던 코리아로 추방되면 이의운의 생명을 보장할 수 없었기 때문에 이런 결정을 한 것으로 보인다.

마리 앙투아네트 손탁이 가장 사랑한 애견들, 여동생 파울리네 부부, 시녀 모다, 이의운, 엠마 클레멘츠가 손탁 저택의 정원에서 찍은 사진을 보자. 식물학에 관심이 있던 손탁은 넓은 자택 정원에서 휴식하고 정원을 가꾸며 반려동물들을 돌볼 수 있었다. 손탁과 함께 한성부(서울)에서부터 칸으로 이주한 이의운은 손탁 가족의 신뢰를 받았다. 파트리시아 드 마크가 보관 중인 니나 마크(앙드레 드 마크 박사의 여동생)의 편지가 이 사실을 증명한다. 일본인 시녀 모다(오마키) 다카하시(1867년생)에게도 마찬가지였다. 1921년 3월 8일에 손탁이 칸의 시장에게 보낸 친필 서한에서 모다가 사망하면 손탁-마크 가족묘역에 안장해 줄 것을 요청했다. 칸의 유명한 묘지 '뒤그랑자Du grand Jas' 가톨릭 신자 구역에 위치한 마리 앙투아네트 손탁의 품위 있는 가족묘역은 1921년 4월 9일 손탁이 영구임대로 마련했다. 손탁의 묘비명에 조선황실 황실전례관이라고 새겨져 있다. 손탁 가족 묘역에 손탁의 여동생 마리 파울리네 마크, 독일계 러시아 시민 알렉산더 마크(파울리네 남편), 시녀 모다 다카하시가 안장되었다.

손탁의 저택(택호는 '고요한 아침')은 현존하지 않는다. 1922년 7월 7일 마리 앙투아네트 손탁이 별세한 후 저택 소유권은 여동생 파울리네1842-1937와 남편 알렉산더 마크1846-1923에게 상속되었다. 형편이 어려워진 파울리네 부부는 고용인들을 해고해야 했고 식솔들의 생계를 유지하기 위해 귀중한 조선 예술품을 매각해야만 했다. 게오르크 드 마크 박사Dr. Georges(Georgi de Maack), 1882-1938가 1937년부터 빌라 소유주가 되었다. 1938년부터는 그의 아내 루이제 알마1884-1977가 손탁 저택을 소유했고 1977년까지 가족 소유로 남아 있었다. 현재는 이 부지에 '코린느'라는 아파트가 서 있다. 120여 년 된 장식문양의 철창살 울타리만이 남아서 위엄 있는 손탁 저택을 떠올리게 한다.

마리 앙투아네트 손탁의 자택(택호는 '고요한 아침') – 프랑스 칸의 아네모네 거리에 위치.

위: 1915년 프랑스 칸의 자택에서 손탁.
아래 왼쪽: 프랑스 칸에서 노년의 알렉산더 마크.
아래 오른쪽: 프랑스 칸에서 파울리네 마크의 노년 모습.

위: 조선식 실내 장식을 한 손탁의 자택(택호는 '고요한 아침')에서 알렉산더와 파울리네 마크 부부.
아래: 프랑스 칸의 자택에서 정원을 돌보는 마리 앙투아네트 손탁.

프랑스 칸의 자택 정원에서 가족과 함께한 손탁.

손탁, 여동생 파울리네 마크 부부, 시녀 모다, 수양아들 이의운, 나중에 이의운과 결혼한 엠마 클레멘츠.

Folio 100   2836

N.° de la matrice générale ou unique.	NOMS, PRÉNOMS, professions et demeures des propriétaires et usufruitiers.	INDICATION				CONTENANCE IMPOSABLE		CLASSES.	REVENU		FOLIOS DE LA MATRICE D'où sont tirés et où sont passés les articles vendus ou acquis, et année de la mutation.			
		de la section.	du numéro du plan.	Des Cantons ou Lieux-dits.	de la nature de la propriété.	Par Parcelle.	TOTAL.		par Parcelle.	TOTAL.	Tiré du folio.	Année de la mutation.	Porté au folio.	Année de la mutation.
	~~Ago [illegible] Serrurier~~	~~f~~	~~1142~~	~~Gde Rue~~	~~Maison~~	.. ..	.. ..	..	~~15 "~~	~~15.~~	639	1834	1035	1816
	~~Jelnor Marie Melle villa Galantine rue des anémones~~ Sontag Antoinette Melle villa Galantine (1907)	C	1558	Petit Juas	Vigne	12.00	12.00	1	15.60	15.60	2114	1903		

1907년 칸에 등재된 손탁 빌라 토지 대장. 매입 등기.
칸 시립 기록보관소의 승인을 받아 복사 게재.

26

DÉSIGNATION		NUMÉROS par quartier, village, hameau ou rue			NOMS	PRÉNOMS	ANNÉE de naissance	LIEU DE NAISSANCE	NATIONALITÉ	SITUATION par rapport au chef de ménage	PROFESSION	Pour les patrons, chefs d'entreprise, ouvriers à domicile, inscrire : patron. — Pour les employés ou ouvriers, indiquer le nom du patron ou de l'entreprise qui les emploie.
des quartiers villages ou hameaux	des rues dans les villes	des maisons	des ménages	des individus	DE FAMILLE							
1	2	3	4	5	6	7	8	9	10	11	12	13
Anémones		[illegible]	1	1	Sontag	Marie Antoinette	1838	Aubière	F.	Chef	S. P.	
				2	Maak	Alexandre Théodore	1846	Arensburg	Russe	Beau-frère	Professeur de langues	
				3	Maak	Marie Pauline	1842	Rouffach	F.	Soeur	S. P.	
				4	Waeber	Eugénie Aline	1850	Arensburg	Russe	Belle-Soeur	S. P.	
				5	Vonau	Joseph Barthélemy	1886	Kuestenholz	F.	Cousin	Jardinier	
				6	Clément	Emma	1905	Kuestenholz	F.	Cousine	S. P.	
				7	Takahocki	Moda	1867	Kanagawa	Japon	Personnel	dame de Cie	
				8	Yi	Eui Woon	1884	Séoul	Japon	Personnel	Maître d'hôtel	
				9	Palestri	Marie Clémentine	1887	[illegible]	Ital.	Personnel	Cuisinière	

1921년 칸의 주민등록. 마리 앙투아네트 손탁, 이의운, 엠마 클레멘츠, 모다 다카하시와 유제니 폰 배버 등 다른 거주자명도 등재되어 있다.
칸 시립 기록보관소의 승인을 받아 복사 게재.

MAIRIE DE CANNES

ACTE DE DECES
Copie intégrale

N° 364

Sontag
Marie Antoinette

Le Sept juillet mil neuf cent vingt-deux à huit heures, est décédée Rue des [illegible] à Cannes Marie Antoinette Sontag, sans profession

née à Aubure (Haut Rhin)
le premier Octobre Mil huit cent trente huit
fille de Georges Sontag
et de Marianne Balast, tous deux décédés, célibataire

Dressé le sept juillet, mil neuf cent vingt-deux, à onze heures, sur la déclaration de Condroyer Antoine, cinquante sept ans, commandant du port

et de Zéphirin Nope, cinquante cinq ans, secrétaire à la Mairie domiciliés à Cannes

qui, lecture faite, ont signé avec Nous, Jean Gazagnaire, adjoint, officier de l'état civil par délégation du maire de Cannes

Copie délivrée selon procédé informatisé
A Cannes, le 4 mars 2013
Pour le maire, l'officier de l'état civil par délégation

1922년 프랑스 칸에서 발급된 마리 앙투아네트 손탁의 사망 신고서.
칸 시립 기록보관소의 승인을 받아 복사 게재.

N° 235
Yi
et
Clementz

Le vingt-huit Novembre mil neuf cent vingt-trois, dix heures ______, devant Nous, ont comparu publiquement en la maison commune :
Caï Woon Yi
valet de chambre

né à Séoul (Corée), vingt Octobre mil huit cent quatre-vingt-quatre, trente-neuf ans, domicilié à Cannes, Rue des anémones, Villa "du Matin calme"
fils majeur de Tschonery Yi, jardinier
______, domicilié à ______
et de Tschinchu Bim, son épouse, sans profession, domiciliés à Séoul

d'une part ;

Et Emma Clementz
femme de chambre

née à Colmar (Ht-Rhin), le dix-huit février mil neuf cent cinq, dix-huit ans, domiciliée à Ruestenhart (Ht-Rhin) résidant à Cannes, Villa "du Matin Calme"
fille mineure de Michel Clementz, journalier
______, domicilié à Ruestenhart, consentant par acte authentique et de Florentine Vonau, son épouse, décédée, domiciliée à ______

d'autre part ;
aucune opposition n'existant.

1923년 11월 28일 자 프랑스 칸에서 발급된 이의운과 엠마 클레멘츠의 혼인 신고서.
프랑스 칸에 있는 마리 앙투아네트 손탁의 묘. 뒤그랑자 공동묘지에 안장되었다.

왼쪽: 프랑스 칸에 있는 마리 앙투아네트 손탁 가족 묘역.
오른쪽: 프랑스 칸에 있는 마리 앙투아네트 손탁의 묘비명.
크리스티안느 라비뉴 여사가 촬영.

나 자신에게 가는 지름길은 전 세계를 유랑하는 길이다. –헤르만 그라프 카이절링

4.2.
귀환: 라데보일의 빌라 코리아에서 보낸 배버의 만년

현재 독일 드레스덴에는 특히 음대에 상당수의 한국 유학생들이 유학 중이다. 지구촌 삶의 글로벌한 현황을 보여 준다. 1910년경에는 이 지역에서 '빌라 코리아'라는 택호를 가진 저택이 이목을 집중시켰다. 현재 문화재로 등록된 빌라 코리아는 유명한 건축가 아돌프 노이만Adolf Neumann, 1852-1920이 독일 르네상스 양식으로 건축했다. 저택의 택호는 외교관 배버가 장기간 재임했던 나라 조선에 대한 추억을 기리고 있다.

카를 폰 배버 부부는 외교관 퇴임 후 몇 년간 상트페테르부르크에 거주했다. 1907년에 독일 니더뢰스니츠Niederlösnitz로 거처를 옮겨 내내 이곳에서 생활했다. 니더뢰스니츠는 드레스덴 근교 라데보일의 주거구역 이름이다. 배버 부부는 건물을 증축했고 한 필지를 더 매입해 유제니 폰 배버 명의로 등록했다. 라데보일 시립 기록보관소의 니더뢰스니츠 거주민 등록 자료에는 1908년부터 블루멘슈트라세 6번지Blumenstrasse 6에 카를 폰 배버(러시아 황실 추밀원 고문)와 부인 유제니, 그리고 아들 에른스

트(무직. 재산 상속인)가 거주자로 등록되어 있다. 1910년 주소록에 처음으로 이 저택이 "빌라 코리아"라는 이름으로 등장한다. 니더뢰스니츠는 현재 라데보일 서쪽 구역 Radebeul-West이다. 1900년대에 이미 선망받는 주택가였다. 예술과 음악의 도시 드레스덴에 가까운 입지라는 점도 이곳의 매력을 더해 주었다. 라데보일의 지중해풍 분위기 덕분에 한 세기 이전에 이미 '작센의 니스'라는 별칭을 얻었다. 엘베강 오른쪽 드레스덴의 그림 같은 풍광이 뢰스니츠라고 명명되었다. 이 지역이 오늘날 라데보일시에 해당하는 거주 지역이다.

양지바른 뢰스니츠에는 고급 저택들이 즐비하다. 근방에는 오늘날까지도 와인재배지(바커바르트 성Schloss Wackerbarth)가 조성되어서 많은 국내외 유명인사들이 찾는 지역이다. 베스트셀러 작가 카를 마이Karl May, 1842-1912는 라데보일의 자택 '빌라 섀터핸드Villa Shatterhand'에 거주했다. 카를 마이는 46개국어로 번역 출간된 모험 소설에서 억압받는 민족들의 삶과 운명을 기독교적·평화주의적 관점에서 흥미진진하게 묘사한다. 비네투Winnetou나 올드 섀터핸드Old Shatterhand 혹은 카라 벤 넴지Kara Ben Nemsi 등의 주인공들은 수십 년이 흐른 지금도 컬트의 위상을 누리고 있다. 카를 마이는 중국을 무대로 한 소설 『Der blaurote Methusalem』1889/1904에서 문화중재자로 활동한 언어천재 카를 귀츨라프Karl Gützlaff, 1803-1851를 기렸다. 귀츨라프는 기독교 선교사로서는 최초로 1832년에 조선 땅을 밟은 인물이다. 해박한 카를 마이는 소설 속에서 중국을 묘사할 때 귀츨라프의 여행기 몇 구절을 솜씨 좋게 이용했다.

박식한 동아시아 전문가 배버와 이국 문화에 심취한 통속문학 작가 카를 마이가 동시대에 바로 이웃해 살았던 것이다. 니더뢰스니츠가 음악의 도시 드레스덴에 가까운 입지라서 리가 출신 막스 오이겐 아인라트 폰 하켄Max Eugen Einrad von Haken, 1863-1917 또한 이곳에 정착했을 것이다. 발트독일인 폰 하켄은 음악대학 교수로 재직했고 1902년부터 1917년까지 드레스덴 모차르트 협회Dresdner Mozartverein의 지휘자로 활동했다. 이 협회는 현재에도 운영되고 있다. 이들 모두 같은 세대이고 '뢰스니츠 예술 협회Kunstverein Lössnitz'에서 활동했다. 카를 폰 배버가 1909년 10월 27일에 이 협회 초대 회장으로 선출되었다. 지식과 인품을 겸비한 배버는 조선에 대한 편견을 바로잡았고 예술·문화 분야에서 조선에 대한 전반적인 지식을 넓혀주었다.

라데보일에 있는 빌라 코리아는 마치 "고요한 아침의 나라" 조선에 재임했던 외교관 배버의 활동을 추억하는 공간처럼 보인다. 동아시아 전문가 배버는 이제 자신의 학문적 관심사에 몰두한다. 1907년에는 『조선 지명의 음차 표기에 관한 제안』과 『한국어와 중국 한자의 한국어 음차』를 상트페테르부르크에서 발간한다. 앞서 언급한 두 번째 논문은 배버가 친필로 헌사를 써서 "존경하는 드레스덴 왕실 공공 도서관"에 기증했다.

이 시기에 배버는 계속 대한제국과 관련이 있고 재독 한인들과 교류했던 것으로 보인다. 유품에 1903년 11월 11일 자로 베를린에서 촬영한 사진이 들어 있는데 이 사진은 배버 부부에게 헌정되었다. 사진 속 인물은 현홍식이다. 1903년경 베를린 한국 공관에서 외교관으로 근무했다.

유럽으로 귀환한 후에도 배버는 대한제국에 대해 다양한 방식으로 늘 애정을 갖고 있었다. 유품 사진과 기록에서 확인된다. 블루멘슈트라세 6번지 카를 폰 배버 자택의 실내 정경 사진을 보자. 동아시아에서 가져온 많은 예술품들이 보는 이를 매료시킨다. 대형 화병과 족자들, 그리고 호피가 한양시절을 떠올리게 한다(내부 정경 사진). 병풍과 화병뿐 아니라 전형적 한국식 반닫이 고가구들이 실내 장식을 완성한다. 이 책에 수록된 고종황제 어사진(164쪽 사진 자료 참조)이 배버 가족 사진과 함께 걸려 있다. 한양 시절의 피아노 사진도 빠지지 않는다. 배버 부부가 집에서 촬영한 사진 한 장이 가족 앨범에 들어 있다. 배버는 테이블에서 독서 중이고 부인은 카메라를 응시한다. 부부는 만족스러워 보이고 새로운 환경에 적응한 듯하다.

차남 오이겐 폰 배버는 베르타 랑에Berta Lange, 1878-1927와 결혼했다. 빌라 코리아 정원에서 찍은 가족 사진을 보자. 1909년에 태어난 아들 베른트Bernd의 세례를 기념해 촬영한 것으로 추정된다. 오이겐과 에른스트 형제 앞에 카를 폰 배버의 누이 율리 배버(애칭은 율링 고모)와 배버 부부가 앉아 있다. 율리는 평생 독신으로 살았다. 오이겐의 첫 부인 베르타가 아기 베른트를 품에 안고 있다. 사촌누이 이다 죄펠Ida Zöpfel이 젊은 산모 옆에 앉았다. 카를 폰 배버가 별세하기 불과 몇 달 전 사진이다. 개인사를 기록한 증거 자료이다.

차남 오이겐 폰 배버는 드레스덴으로 이주했다. 왕립 작센 과학기술 대학교(현재 드레스덴 과학기술 대학교)에서 토목공학을 전공했다. 1912년 10월 30일 토목기술 디플롬 예비시험에 최우수 성적으로 합격한다. 제1차 세계대전으로 인해 오이겐 폰 배버는 독일에서 직업 전망이 어두웠다. 전쟁 중에 오이겐은 드레스덴의 저명한 토목기술 연구소에서 학업을 지속할 수 없게 되었다. 오이겐이 이때까지 러시아 국적이었고 황제 치하의 독일과 차르 치하의 러시아가 전쟁 중이었기 때문이다. 1915년 3월 31일 자 작센 문화부 공문서를 보면 오이겐 폰 배버의 신상 카드 기록을 제시하고 있다. 드레스덴 과학기술 대학교에서 신상 카드 스캔본 사용을 승인해 주었다.

카를 폰 배버가 "1910년 1월 8일 오후 5시에 폐렴으로 인해"(루터 기독 평화 공동체 라데보일 사망자 명단 1910년 6월) 향년 68세로 급서했다. 잘츠만Salzmann 목사의 2010년 8월 25일 자 편지에 따르면 배버는 실내 장례식 후 1월 12일에 쾨첸브로다Kötzschenbroda(지금의 라데보일 서쪽구역Radebeul-West) 묘지에 안치되었다(Radebeuler Tageblatt, 1910년 1월 10일 자 참조). 건축가 오토 로메취Otto Rometsch, 1878-1938와 아돌프 주페스Adolph Suppes, 1880-1918, 조각가 에른스트 탈하임Ernst Thalheim(생몰연도 미상)이 조성한 묘역은 현재 문화재로 등록되어 있다. 필자는 라데보일 시립 기록보관소의 승인을 받아 배버의 부고를 열람했다. 〈라데보일러 타게블라트〉 (1910년 1월 10일과

12일 자)에 실린 부고에서 고인에 대한 평가를 읽을 수 있다. "뢰스니츠 예술협회" 회장이었던 카를 폰 배버에 대해 1910년 1월 10일 자 〈라데보일러 타게블라트〉 신문에 게재한 협회명의 부고는 다음과 같이 고인을 기렸다. "임원단은 고인을 보내며 친한 친구를 추모한다. 고귀한 품성, 사랑스러운 존재감을 보여 준 고인을 존경 가득한 감사의 마음으로 영원히 추모할 것이다."

남편이 작고한 후에 유제니는 장남 에른스트와 라데보일에 살았다. 차남 오이겐은 디플롬 엔지니어가 되어 켐니츠에서 취직했다. 1921년에 유제니 폰 배버의 이름이 프랑스 칸의 인구조사 기록에서 발견된다. 친정이 마크 가문인 유제니가 칸의 손탁 빌라에 거주하던 마크 가문 친척들을 정기적으로 방문해 장기간 체류한 것으로 추정된다. 손탁 빌라에는 손탁과 사돈지간인 마크 가문 사람들 다수가 1919년까지 기거했기 때문이다. 전후에 유제니가 자신이 신뢰하던 손탁을 방문했던 이유는 1917년 5월 28일 장남 에른스트가 사망했기 때문인 것으로 보인다. 에른스트는 제1차 세계대전 전장에서 사망하지 않았다. 그동안 여러 출판물에서 제시된 주장은 사실이 아니다. 라데보일 평화 교회공동체가 나에게 1917년 사망자 등록부 107b를 제공해 주었다. 이 등록부를 보면 미혼의 기독교-루터교 신자 에른스트 폰 배버가 "43세에 드레스덴의 병원에서 장폐색"으로 사망했다고 명시했다. 에른스트는 1917년 5월 31일에 가족묘역에 안장되었다. 유제니 폰 배버도(1921년 11월 24일 드레스덴에서 별세) 가족묘역 남편 옆에 안장되었다. "사랑은 언제까지나 그치지 아니한다"라는 문구가 배버의 가족묘 묘비에 새겨져 있다. 고린도 전서 13장 8절에 나오는 이 성경 구절을 계속 읽어 보자.

사랑은 언제까지나 그치지 아니하나 예언도 그치고, 방언도 그치고, 지식도 그치리라. 우리가 부분적으로 알고 부분적으로 예언하니 완전한 것이 도래하면 부분적인 것은 그치리라(고린도 전서 13장 8–10절).

등록문화재로 지정된 배버 가족묘는 현재 슈바베Frank Schwabe 부부가 관리하고 있다. 이들이 2018년까지 빌라 코리아의 소유주였고 배버 저택과 토지를 관리해 왔다.

1879년에 톈진에서 출생한 차남 오이겐 폰 배버1879-1952는 독일 시민이 되었다. 대학 졸업 후 가족과 작센주 켐니츠에 정착했다. 오이겐은 작고할 때까지 켐니츠에서 도시건설 고문으로 활동했다. 1927년에 첫 부인 베르타와 사별한 오이겐은 1932년에 일제 마리안네 바이로이터–보예Ilse Marianne Beyreuther-Boye, 1904-1977와 재혼해 두 딸 유타Jutta와 에바Ebba를 낳았다. 차녀 에바 마리온 니트펠트–폰 배버Ebba Marion Nietfeld-von Waeber, 1937-2021가 조상의 유품들을 보존한 덕택에 이 책이 세상에 나올 수 있었다. 파시즘 시대와 부친이 작고한 1952년까지 동독 초기의 가족사에 관해 니트펠트–폰 배버 여사가 소중한 정보를 주셨다. 감사드린다. 서로 다른 정치적 이유에서 생성된 두 시스템 속에서 오이겐 폰 배버가 자신의 태생을 밝히는 것은 유리한 일이 아니었다. 제2차 세계대전 때는 러시아 스파이로 간주될 위험이 있었다. 배버 가족이 과거에 러시아 제국과 밀접한 관계였다는 사실 또한 1945년 이후의 동독에서는 논란의 대상이 될 수 있는 사안이었다.

러시아 외교관 카를 폰 배버는 라데보일에서 만년을 보냈다. 이 도시가 전쟁 피해를 피할 수 있었던 운명적인 사건이 있었다. 1945년 5월 7일에 소련군 붉은 군대Rote Armee 소속의 독일계 유대인 통역관 일리야 벨라 슐만Ilja Bela Schulmann, 1922-2014이 라데보일이 전쟁의 참화 속에 파괴되는 것을 막았다. 덕분에 라데보일에 위치한 배버의 저택 빌라 코리아가 문화재로 보존되었던 것이다. 이 사건의 배경은 다음과 같다. 나치 독일군 대관구 지휘자 마르틴 무취만Martin Mutschmann, 1897-1947은 종전을 목전에 두고 라데보일시를 요새로 지정했다. 붉은 군대에 대항할 방어선을 구축해서 드레스덴 진입을 방해하려는 작전이었다. 탱크 저지선과 방공호가 설치되었다. 라데보일 시민들은 상황이 악화할까봐 몹시 두려워했다. 고멜Gomel(벨라루스의 호멜) 출신인 슐만은 독일어를 잘 했을 뿐 아니라, 시민들의 공포도 이해했다. 항복을 받아낼 묘안이 떠오르자 슐만은 상관 보리스 타라넨코Boris Taranenko 대위를 설득했다. 라데보일시 약 10km 앞까지 근접했으니 라데보일 행정부와 협상하자는 계획이었다. 디펠스도르프Dippelsdorf(오늘날의 모리츠부르크Moritzburg)라는 소구역 71호 건물 안의 어느 소매상에서 슐만은 통화가 가능한 전화기 한 대를 찾아내 라데보일 시장에게 전화를 했다. "드레스덴으로 가는 길을 즉각 터 주시오. 이미 충분히 피를 보았으니"라고 슐만이 독일어로 말했다고 한다. 메시지는 분명했다. 전투 없이 무혈로 상황을 종료할 것인가 아니면 포화에 의한 참화인가. 시민 대다수가 목숨을 건지는 쪽을 선택했고 백기를 게양했다. 라데보일 시장은 18시 정각에 두 번째 전화통화에서 항복했다. 러시아 출신 슐만 덕택에 라데보일시를 구한 것이다. 슐만은 후일 독일어 교사로 활동했다. 1985년에 이르러서야 슐만과 타라넨코는 라데보일 명예시민으로 추대되었다. 명예시민으로 추대된 독일어 교사 슐만은 겸손하게 답했다. "통역사는 그저 책무를 다했을 뿐입니다."

현재 디펠스도르프 71호 건물에는 이 도시를 구한 두 명의 은인을 기리는 기념물이 있다. 러시아 태생의 독일계 유대인 슐만은 만년을 서독에서 보냈다.

이렇게 독일과 러시아 사이에 또 하나의 연결고리가 생기고, 시대와 대륙을 포괄하는 양국 관계사의 면모가 드러난다. 루터교 신자로서 문화중재자로 활동한 외교관 카를 폰 배버는 이런 맥락에서 중요한 위상을 갖는다.

카를 폰 배버가 말년을 보낸 빌라 코리아.

카를 폰 배버가 거주하던 당시 빌라 코리아의 정원.

빌라 코리아 내부 정경.

빌라 코리아 내부 정경.

위: 빌라 코리아 실내에서 카를 폰 배버 부부.
아래: 라데보일에서 가족과 함께 정원에 앉아 있는 카를 폰 배버.

카를 폰 배버 가족과 친척들.

베를린 한국 대표부 공관 외교관 현홍식이 배버 부부에게 헌정한 사진(1903년 11월 11일).

오이겐 폰 배버와 마리안네 바이로이터-보예의 결혼 사진(1932).

C.

Nr. 6.

Kötzschenbroda, am 10. Januar 1910.

Vor dem unterzeichneten Standesbeamten erschien heute, der Persönlichkeit nach durch vorgelegten Reisepaß anerkannt, die verwitwete Gräfin Louise von Zeschau geborene Diestel, wohnhaft in Niederlößnitz, Albertstraße 8, und zeigte an, daß der Kaiserlich Russische Wirkliche Staatsrat, Gesandter außer Dienst Karl Theodor von Waeber, Exzellenz, 68 Jahre 6 Monate 28 Tage alt, evangelisch lutherischer Religion, wohnhaft in Niederlößnitz, Lönnenstraße 6, geboren zu Libau in Rußland, am 10. Juni 1841 (neuen Stils), verheiratet mit Eugenie Alida von Waeber geborene Maack, wohnhaft in Niederlößnitz, Sohn des Kaufmanns Johann Heinrich von Waeber und seiner Ehefrau Charlotte von Waeber geborene von Waeber, ersterer gestorben in Libau, letztere gestorben in Kurland, zu Niederlößnitz in seiner Wohnung am acht ten Januar des Jahres tausend neunhundert zehn nach mittags um fünf Uhr verstorben sei. Die Anzeigende erklärte, bei dem Todesfalle zugegen gewesen zu sein.

Vorgelesen, genehmigt und unterschrieben.

Loiuse von Zeschau geborne Diestel

Der Standesbeamte.

Schiem

C.

Nr. 1013.

Dresden, am 29. Mai 1917.

~~Vor dem unterzeichneten Standesbeamten erschien heute, der Persönlichkeit nach ... kannt,~~

Die Inspektion des Stadtkrankenhauses Dresden-Johannstadt ~~wohnhaft in~~ ~~und~~ zeigte an, daß der Privatmann Ernst von Waeber, 43 Jahre alt, evangelisch-lutherischer Religion, wohnhaft in Niederlößnitz, Steinmannstraße 6, geboren zu Tientsin in China, ledig,

Sohn des Kaiserlich Russischen Gesandten Karl Heinrich von Waeber und dessen Ehefrau Eugenie geborenen Maack, ersterer in Niederlößnitz verstorben, letztere daselbst wohnhaft, zu Dresden, Marienstraße 74 am achtundzwanzigsten Mai des Jahres tausend neunhundert siebzehn nach mittags um drei Uhr verstorben sei.

~~Vorgelesen, genehmigt und unterschrieben.~~

17 Druckworte gestrichen.

Der Standesbeamte.

In Vertretung: Melzer.

Die Übereinstimmung mit dem Hauptregister beglaubigt

Dresden, am 11. Juni 1917.

Der Standesbeamte.

In Vertretung: Melzer

C. 1.

왼쪽: 1910년 1월 10일 자 카를 폰 배버의 사망 증명서.
오른쪽: 에른스트 폰 배버의 사망 증명서.

13:21 STADTARCHIV RADEBEUL

[illegible] deutschen Eltern geboren wurde und der hier als Lithograph tätig war, anscheinend mit seiner Frau im besten Einvernehmen lebte. Ihrer Ehe entstammte ein jetzt acht Jahre altes Mädchen, und die Frau hatte außerdem aus ihrer ersten Ehe noch zwei Kinder, einen Sohn von 20 und ein Mädchen von 22 Jahren, das in Lüttich auf sehr schlechte Wege geraten sein soll. Die Frau war also viel älter als der erst 35 Jahre alte Mann, und vielleicht war er derselben einfach überdrüssig geworden und suchte sich ihrer nach einem wohl durchdachten Plan zu entledigen. Hierauf scheinen gewisse Momente in dem Benehmen des Mörders vor und nach der Tat ganz bestimmt hinzudeuten. Jedenfalls hat dieser Mord in Verbindung mit mehreren anderen in der letzten Zeit verübten Bluttaten die lebhafte Erörterung der Frage angeregt, ob König Albert ebenso wie sein Vorgänger alle zum Tode Verurteilten begnadigen, oder aber, um einige abschreckende Beispiele zu liefern, wenigstens in besonders schweren Fällen der Gerechtigkeit freien Lauf lassen werde.

— Lisburg (Irland). Hier trug sich gestern ein schweres Brandunglück zu. Im Hause eines Laternen-

[illegible] am Berge. — Fichtelberg: Ununterbrochen starker, gute Schlittenbahn bis in die Täler hinab.

Barometer- und Thermometerstand in Radebeul aufgenommen am 11. Januar früh 8 Uhr.

Barometerstand 754 mm

Niedrigster Thermometerstand vom 10. zum 11. Januar + 2 Gr. Cels.
Höchster „ am 10. „ + 10 „ „

Letzte Nachrichten.

Vom sächsischen Hofe.

Dresden. Se. Majestät der König empfing mittags die Hofdepartementschefs zum Rapport und wird heute abend 8 Uhr dem Regimentsabend beim 2. Grenadier-Regiment Nr. 101 besuchen.

Günstige Aussichten für Deutschafrika.

Berlin. Die dem Reichstage zugegangene Denkschrift über die Entwicklung der Schutzgebiete in Afrika und der Südsee bringt über die Diamantenfrage in Südwestafrika und die Baumwollfrage in Ostafrika wesentlich folgendes: Die zunächst aufgefundenen Diamantenlagerstätten liegen in einem einige Kilometer breiten Streifen, der sich von Kilometer 16 der Südbahn von Norden nach Süden bis etwa zur Elisabethbucht hinzieht. Später fand man auch,

[illegible]

Amtliche Bekanntmachungen.

Bekanntmachung,

die Anmeldung der Militärpflichtigen zur Aufnahme in die Rekrutierungsstammrolle betreffend.

In Gemäßheit § 57 der Deutschen Wehrordnung vom 22. November 1888 werden alle im Jahre 1890 geborenen Wehrpflichtigen, welche in hiesigem Gemeindebezirke ihren dauernden Aufenthalt bez. Wohnsitz haben, ferner die hier aufhältlichen Zurückgestellten früherer Jahrgänge hierdurch aufgefordert, sich behufs Aufnahme in die Rekrutierungsstammrolle in der Zeit **vom 15. Januar bis zum 1. Februar 1909** bei den unterzeichneten Gemeindevorständen zu melden.

Die Militärpflichtigen aus dem Jahre 1890 haben dabei, soweit dieselben nicht im Orte geboren sind, ein Geburtszeugnis (sog. Militärgeburtsschein), welches von den betr. Standesämtern nur zu diesem Zwecke kostenfrei erteilt wird, vorzulegen, diejenigen aus früheren Jahrgängen den im 1. Militärpflichtjahr erhaltenen Losungsschein mit zur Stelle zu bringen.

Zeitig von hier abwesende Militärpflichtige (auf der Reise begriffene Handlungsgehilfen ic.) sind durch ihre solchenfalls hierzu verpflichteten Eltern, Vormünder ic. innerhalb obiger Frist anzumelden.

Militärpflichtige, welche nach Anmeldu[illegible] halt oder Wohnsitz von hier nach einem and[illegible] richtigung der Stammrolle sowohl beim Ab[illegible] Ankunft am neuen Orte bei der Behörde [illegible] führt, spätestens innerhalb **dreier** Tage zu [illegible]

Versäumnis der Meldefrist entbindet [illegible]

Wer die vorgeschriebenen Meldungen [illegible] selben unterläßt, **ist mit Geldstrafe** [illegible] **bis zu 3 Tagen** zu bestrafen.

Reichenberg, Boxdorf und W[illegible]

Die Gemei[illegible]

Frei[illegible]

Morgen früh von 8 Uhr ab [illegible]
1 Rind [illegible]

Radebeul, am 11. Januar 1910.

Am 8. Januar abends verschied nach kurzem Krankenlager unser allverehrter erster Vorsitzender

Herr Carl von Waeber

K. R. Wirklicher Staatsrat, Excellenz.

Der Vorstand betrauert in dem Entschlafenen einen persönlichen Freund, dessen vornehme Gesinnung und liebenswürdiges Wesen ihm ein ehrenvolles und dankbares Gedenken für alle Zukunft sichern.

Kunstverein für die Lössnitz.

Die Beerdigung in Kötzschenbroda erfolgt Mittwoch, den 12. Januar, um 2 Uhr vom Trauerhause aus.

Freundliche Wohnung

4—5 Zim., Mädchenk., Küche, Balkon, Gas, zum 1. April zu mieten gesucht. Preis 600 bis 650 Mk. Off. u. K. 443 in die Expedition erb.

15000 Mark

2. Hyp. u. Sicherheit (1. Hyp. 15000, Brandkasse 25000) auf Geschäftsgrundstück gesucht. Offerten unter K 459 in die Exped. d. Bl.

Armes Mädchen Sonntag eine **Brosche** (Andenken) **verloren.** Gegen gute Belohn. in der Exped. abzugeben.

Lehrerin erteilt Unterricht in Sprachen und Realien. Gefl. Off. erb. unter K. 436 in die Exped d. Bl.

Atelier

Unterricht für Zeichnen und Malen in Oel und Aquarell

Anna Geudtner, Malerin
Radebeul, Moritzstrasse 1, I. Etage.

Klavierlehrer Heyer (Notenmensch), Wahnsdorf.
Gute Erfolge seit 1885.

Kleineres Grundstück in Radebeul oder Lößnitz zu kaufen oder pachten gesucht. Offerten mit Preisangabe unter K.457 in die Exped. d. Bl.

Kleines Haus in Radebeul oder der Lößnitz zu kaufen gesucht. Off. u. F. R. postlag. Radebeul.

Fräulein sucht **möbl. ungest. Zimmer**

Kleine Wohnung

Emilienstraße 15, 1. Etage, per 1. April zu vermieten.
Näheres Kröling, Radebeul, Gerstraße 8.

Radebeul, Kronprinzstraße 3
schöne 4-Zimmerwohnung zu vermieten. Näheres 2. Etage.

Geld-Darlehn jeder Höhe, auch ohne [illegible]

[illegible] Artillerie-Regts. Nr. 12.
Carl Gohr.

Oberlössnitz.

[S]onntag:
[illegible] mit Konter.
Angenehmer Familienaufenthalt.
Gustav Zschommler.

[illegible]hen, Radebeul.
Sonntag:
[illegible] mit Konter.
F. Meisel.

[illegible]ne", Radebeul.
[G]rosser Ball.
[illegible]n 4—7 Uhr: Frei-Tanz.
Max John und Frau.

[illegible]ten", Radebeul.
Sonntag:
[illegible]he Ball-Musik.
Otto Schulze.

[illegible]len", Zitzschewig.
[illegible] Januar 1910:
Ball-Musik.
[illegible]chein-Serenade!
[illegible] ff. Bockwürstchen!
[illegible] gratis!
Bertha verw. Müller.

Morgen Sonntag. **Schneidige Ball-Musik.**
Hierzu ladet ergebenst ein Ida Standfuss.

Margarete Bruck, Konzert- u. Oratoriensängerin
erteilt Klavier- und Gesang-Unterricht.
Sprechzeit: Montag und Donnerstag 1—6 Uhr.
Meissner Strasse 62, I.

Nach längerem Leiden entschlief sanft am 12. Januar, vormittags 11 Uhr mein herzensguter Gatte, unser lieber Vater

Herr Hermann Franze

Restaurateur

was wir schmerzerfüllt hierdurch anzeigen.

Kötzschenbroda, am 12. Januar 1910.

Die tieftrauernde Witwe nebst Kindern
zugleich im Namen der übrigen Hinterlassenen.

Die Beerdigung findet Sonntag, den 16. Januar, nachmittags 3 Uhr vom Trauerhause aus statt.

Für die zahlreichen Beweise liebevoller Teilnahme und ehrenden Gedenkens beim Heimgange unserer guten Mutter, Schwieger-, Großmutter u. Tante

Frau Johanne Christiane Rittig
geb. Haudel

sowie für den überaus reichen Blumenschmuck und das ehrende Geleit zur letzten Ruhestätte sagen wir Allen unseren **herzinnigsten Dank.**

Kötzschenbroda, den 14. Januar 1910.

Die trauernden Hinterbliebenen.

Für die zahlreichen Beweise liebevoller, herzlicher Teilnahme und ehrenden Gedenkens beim Heimgange unseres unvergesslichen guten Gatten und Vaters, des Herrn

Carl von Waeber

Kaiserl. Russischer wirkl. Staatsrat, Gesandter a. D.

sagen wir tiefbewegt herzinnigsten Dank.

Familie von Waeber.

Niederlössnitz, den 12. Januar 1910.

[illegible]caopulver, Chocolade, Pralinés — Café Lehmann.
[illegible] Qualität allen übrigen Fabrikaten vorzuziehen.

[illegible]

왼쪽: 뢰스니츠 예술협회 명의 카를 폰 배버의 부고. 라데보일 기록보관소 소장.
오른쪽: 배버 가족 명의의 카를 폰 배버 부고. 라데보일 기록보관소 소장.

37.

Niederlössnitz 31ten Juli 1908
Blumenstr. 6

1470 IVb

11. AUG 1908

An

die Königliche Amtshauptmannschaft

Dresden-Neustadt

In Beantwortung Ihres Schreibens vom 6ten d. M. sub K.f.L. 2474/08 / 1301. IVb erlaube ich mir anzuzeigen, daß die Ueberdachung der Veranda an der Hinterseite des Wohngebäudes auf dem Grundstücke № 2836a / 78N hier in Niederlößnitz vollendet ist. —

Weber

Kaiserl. russ. Wirklicher Staatsrat.

Der hochgeschätzten Königlichen öffentlichen Bibliothek zu Dresden vom Verfasser

На правахъ рукописи.

ИМПЕРАТОРСКОЕ

РУССКОЕ ГЕОГРАФИЧЕСКОЕ ОБЩЕСТВО.

КАРТОГРАФИЧЕСКАЯ КОМИССІЯ.

ПОДКОМИССІЯ ПО ТРАНСКРИПЦІИ ГЕОГРАФИЧЕСКИХЪ НАИМЕНОВАНІЙ.

Приложеніе къ протоколу № 6.

1907 годъ.

Ueber die Koreanische Sprache und die Koreanische Lesart chinesischer Zeichen.

О корейскомъ языкѣ и корейскомъ чтеніи китайскихъ іероглифовъ.

К. И. Веберъ.

Китайскій языкъ и понынѣ играетъ у народовъ восточной Азіи ту-же роль, какую игралъ въ западной Европѣ до XIX-го столѣтія языкъ древняго Рима. Вся корейская литература или позаимствована отъ Китая или написана на китайскомъ языкѣ и китайскими іероглифами. Чисто корейскія письмена были въ загонѣ и благовоспитанному корейцу не подобало писать самую простую записочку на своемъ языкѣ и буквами собственнаго алфавита «эн-мунь», который, судя по офиціальнымъ даннымъ былъ изобрѣтенъ, лишь въ 1447 г. по Р. Х.*) — Писать его знаками предоставлялось только низшему классу, рабочимъ, крестьянамъ и женщинамъ, не получившимъ китайскаго, т. е. классическаго образованія. Не болѣе какъ около десятилѣтія тому назадъ, послѣ китайско-японской войны и уничтоженія въ Кореѣ политическаго первенства Китая, началось движеніе въ пользу усовершенствованія и общаго употребленія отечественнаго языка и письменности.

Какъ въ Европѣ зависимость отъ латинскаго языка выражалась между прочимъ въ томъ, что многіе города были извѣстны подъ ихъ латинскими именами, такъ и въ Кореѣ всѣ болѣе значительныя мѣстности, города, горы, острова и рѣки носятъ китайскія названія. Но было-бы, разумѣется, ошибочно, произносить эти названія по Пекинскому или какому-нибудь другому китайскому нарѣчію; чтобы получить вѣрное названіе мѣстности, подъ которымъ она извѣстна у корейцевъ, слѣдуетъ читать китайскіе знаки, ее обозначающіе, по корейскому произношенію ихъ, которое намъ передаютъ китайско-корейскіе и корейско-иностранные словари, какъ напр. Цюань-юань-юй-бянь (по корейски: Джэнь-унь-окъ-пхіэнь), лексиконы американскаго миссіонера Геля (J. Gale) «Korean-english dictionary» и французскихъ миссіонеровъ «Dictionnaire coréen-français.— Транскрипція корейскаго чтенія китайскихъ іероглифовъ показана въ нихъ знаками корейскаго алфавита; поэтому, чтобы вѣрно передавать эти звуки нашими русскими буквами, намъ необходимо ознакомиться со знаками, произношеніемъ и особенностями корейскаго алфавита, по крайней мѣрѣ въ главнѣйшихъ его чертахъ.

1) Китайскіе звуки *ай* и *эй* въ словахъ дай, кай, хай, бэй, мэй, нэй и проч. переходятъ въ Кореѣ большею частью въ сжатый звукъ *ä*, похожій на *a* въ англійскомъ словѣ say, или на *ä* въ нѣмецкомъ словѣ Bär. Въ корейской транскрипціи онъ передается буквами, соотвѣтствующими нашимъ

*) По разнымъ преданіямъ корейскій алфавитъ былъ изобрѣтенъ уже въ VIII-мъ или IX-мъ столѣтіи.

1

왼쪽: 저택 개축을 의뢰하는 카를 폰 배버의 자필 서한(블루멘슈트라세, 1908년 7월 31일).
오른쪽: 한국어에 관한 배버의 논문. 드레스덴 도서관을 위한 배버의 자필 헌사.

Königlich Sächsische Technische Hochschule.

Herr *Eugen von Waeber,*

geboren zu *Tientsin,*

hat sich im *Oktober* 19*12*

der Diplom-Vorprüfung für das Fach eines Bau-Ingenieurs

nach der Prüfungs-Ordnung für Diplom-Ingenieure unterzogen und hierbei folgende Einzelurteile erhalten:

Für die Studienzeichnungen *1a/1b*

Bei der **mündlichen Prüfung** in

Physik *2a*

Chemie, Mineralogie und Geologie *1b*

Reine Mathematik (Analytische Geometrie, Höhere Analysis) *2a*

Darstellende Geometrie *1b*

Mechanik und Festigkeitslehre *1b*

Geodäsie *1b*

Baukonstruktionslehre *1b*

Hiernach wird Herrn *v. Waeber* bescheinigt, dass er die Vorprüfung

„mit Auszeichnung bestanden"

hat.

Dresden, am *30. Oktober 1912.*

Der Vorstand der Ingenieur-Abteilung.

K. S. Kommission für die Diplomprüfungen a. d. Technischen Hochschule

Reihenfolge der Einzelurteile:
1a Vorzüglich. 1b Recht gut. 2a Gut. 2b Ziemlich gut. 3a Hinreichend. 3b Ungenügend.

Abschrift.

K.S.Kultusministerium. Dresden, den 31.März 1915.
Nr.104 H. K.S.Techn.Hochschule.Eing.7.April 1915.
zu Nr.196/I. Nr.243/I.

Das unterzeichnete Ministerium ist nach Lage der Sache zu seinem Bedauern schon der Folgen halber auch gegenüber den neueren Darlegungen nicht in der Lage, die Wiederaufnahme des in Rußland staatsangehörigen Eugen v.Waeber als Studierenden zu genehmigen.

Ministerium des Kultus und öffentlichen Unterrichts.
gez.Dr.Beck.

An
[R]ektor und Senat der Technischen Hochschule

hier.

왼쪽: 오이겐 폰 배버의 건축학사 학위기. 1912년 드레스덴에서 발급.
오른쪽: 오이겐 폰 배버의 인사 기록부에 기재된 공문(1915).

위: 슈바베 가족이 거주하던 당시의 빌라 코리아 정경. 파멜라 브래젤 촬영.
아래: 빌라 코리아 정원 모습. 2015년 파멜라 브래젤 촬영.

왼쪽: 빌라 코리아 입구. 2015년 당시 소유주는 슈바베. 파멜라 브래젤 촬영.
오른쪽: 카를 폰 배버의 묘지. 2015년 파멜라 브래젤 촬영.

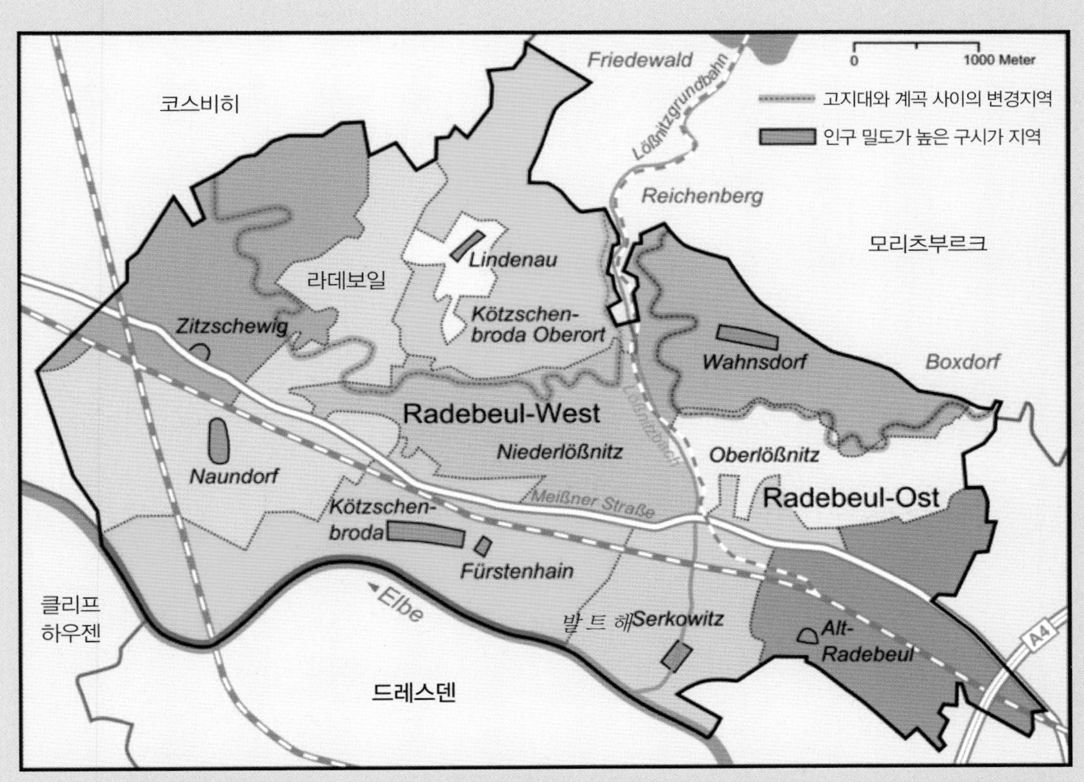

라데보일 지도. 근교에 모리츠부르크가 표시되어 있다(https://de.m.wikipedia.org/wiki/Datei:Karte_Radebeul_Stadtteile.png).

드레스덴 과학기술 대학교 토목공학부 건물. 1913년에 준공(https://oiger.de/wp-content/uploads/beyerbau.jpg).

남은 이야기

미래를 결정하려면 과거에 대해서 성찰하라. –공자
가능한 것을 창출하기 위해서는 불가능한 것을 거듭 시도해야 한다.
–헤르만 헤세가 빌헬름 군데르트에게 보낸 서한에서

국제적인 관계망을 형성한 가족사를 기록한 사진 자료집은 사실 이미 한 세기 전에 출간되었어야 한다. 기억이 소실되기 전에 수많은 유품 사진 자료가 글자 그대로 "스스로 증언하게 하기 위해서" 말이다.

독자들은 마치 유럽과 동아시아를 누비며 역사적인 시간 여행을 하는 것처럼 이 사진 자료집을 읽을 수 있을 것이다. 그리고 동서양의 다층적 관계사와 관련해 지식의 지평을 확장할 수 있을 것이다.

해마다 충남 보령 고대도에서 대구동일교회 주최로 귀츨라프 심포지움이 개최된다. 한국에서 귀츨라프 연구가로 잘 알려진 오현기 교수가 고대도 귀츨라프 심포지움을 주관한다. 오현기 교수는 대구동일교회 담임목사를 겸직하고 있다. 이 심포지움에서 나는 여러 차례 강연했고, 카를 귀츨라프Karl Gützlaff, 1803-1851와 카를 폰 배버Carl von Waeber, 1841-1910의 비교분석을 통해 다수의 접점을 제시했다. 프로테스탄트 배버는 루터교 신앙을 실천하는 삶을 살았고 서로 다른 문화를 중재하는 문화중재자가 되었다. 배버보다 반 세기 앞서 조선땅을 밟은 최초의 서양 선교사 카를 귀츨라프의 생애와도 중첩되는 부분이 있다. 리바우 태생의 발트독일인으로 러시아 제국 외교관으로 활동했던 배버는 이국 문화에 대해 편견을 갖지 않았다. 주재국 조선의 독립에 도움이 되고자 했고 조선의 문화를 알리기 위해 노력했다.

이 책은 구한말 혼란기에 카를 폰 배버가 조선에 미친 외교적 영향력에 대해 기록한다. 그리고 서울 일대를 촬영한 배버 유품 사진 자료를 최초로 공개해서 배버의 지리학자로서의 면모를 처음으로 소개했다. 한국어 관련한 배버의 저술 두 편도 이 맥락에서 중요하다. 배버의 논고는 러시아의 한국학 발전에 기여했다.

카를 폰 배버의 손녀와 서신 교환을 하고 직접 만나 취재하는 과정에서 유품 자료를 널리 알려야겠다는 생각을 했다. 그 결과물로 세상에 나온 이 책은 바로 그렇기 때문에 특별한 가치를 갖는다. 배버의 손녀 에바 니트펠트-폰 배버Ebba Nietfeld-von Waeber, 1937-2021 여사와 여러 차례 대화를 나누면서 이 가족의 역사가 글자 그대로 내 눈 앞에 '생생하게' 재현되었다. 그리고 결정적인 성찰의 계기가 되었다. 이것을 '내 안에 잠재한 타자를 향해 떠나는 여행'이라고 표현할 수 있을 것이다.

가족사를 취재하면서 외교관으로 활동한 아시아 전문가 카를 폰 배버를 다면적으로 살펴볼 수 있었다. 수록한 사진 자료에 해설을 곁들여서 카를 폰 배버 개인의 감정과 사상 또한 엿볼 수 있도록 이 책을 구성했다.

익숙한 것과 이질적인 것. 이것이 오늘날의 독자로 하여금 한 세기 전에 국제적으로 펼쳐진 방대한 가족사를 읽으며 시공간의 차이를 뛰어넘는 성찰을 할 수 있는 영감을 준다.

국제성과 전통은 다양한 방식으로 상호 보완한다.

에바 니트펠트-폰 배버 여사가 소장하고 있는 한지 부채를 보면 조선에서 수집한

컬렉션을 상트페테르부르크 쿤스트카메라에 기증했던 카를 폰 배버를 떠올리게 된다. 외교관 배버가 조선에서 사용하던 인장도 유품으로 남았고 현재 필자가 소유하고 있다. 한양에서부터 상트페테르부르크와 라데보일, 그리고 켐니츠를 거쳐 니더작센에 있는 에바 니트펠트-폰 배버 여사의 현재 자택에 전시되기까지 배버 가족은 한국식 병풍을 명예롭게 보존하고 있다.

공자와 헤세의 인용문은 모든 성찰의 고리를 완결시킨다. 과거의 이야기는 이제 마무리했다. 그 이야기가 우리에게 보여 준 길을 이제 우리 스스로 걸어 나가야 한다.

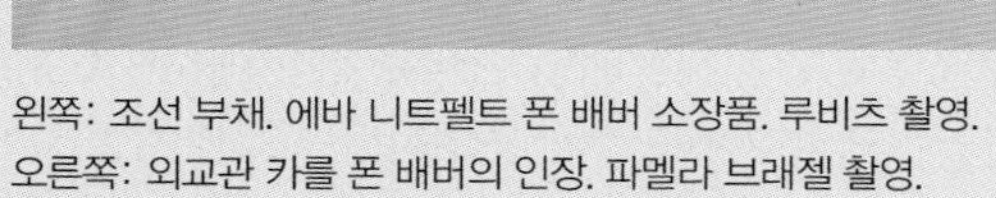

왼쪽: 조선 부채. 에바 니트펠트 폰 배버 소장품. 루비츠 촬영.
오른쪽: 외교관 카를 폰 배버의 인장. 파멜라 브래젤 촬영.

에바 니트펠트 폰 배버 여사. 조부(카를 폰 배버)가 조선에서 가져온 기념품 앞에 서 있다. 파멜라 브래젤 촬영.

감사의 글

카를 폰 배버 유족에게 깊이 감사드린다. 고인의 유품 상당 부분을 필자에게 양도해 준 유족 측의 관대한 배려 덕분에 이 책이 세상에 나올 수 있었다. 2021년 5월에 세상을 떠난 카를 폰 배버의 손녀 에바 니트펠트-폰 배버Ebba Nietfeld-von Waeber 여사의 명복을 빌며 충심으로 감사한다.

이 책의 서문을 써 주신 류우익 교수께 감사드린다. 대한민국 통일부 장관을 역임한 지리학자로서 한국사, 한국문화, 중국어 분야에 정통한 류우익 교수는 역사적 사진과 기록을 판별하고 분석하는 작업에 귀중한 조언을 주셨다.

파트리시아 드 마크Patricia de Maack 여사가 가족사에 대한 유용한 정보를 주셨고, 마크-손탁 가문에 관련해서 사진 자료를 제공해 주었다. 감사드린다.

외교관으로 재직했던 남편 하르트무트 브래젤Hartmut Bräsel 박사와 딸 파멜라Pamela가 다년간 기록보관소 취재 작업을 적극적으로 도왔다. 러시아 문학과 정치학을 전공한 남편은 러시아어와 영어로 출간된 무수한 자료들을 정밀하게 검색, 번역하고 나와 함께 분석했다. 이 프로젝트는 가족 간의 팀워크로 내용과 틀을 갖출 수 있었다.

저명한 한국지리학 전문가 에카르트 데게Eckart Dege 교수께 감사를 전한다. 구한말 조선의 풍경 사진과 도시 사진들을 분석하는 작업에서 성심껏 도움을 주셨다. 데게 교수의 전문적인 지원 덕분에 오래된 사진 여러 장의 촬영 시점과 공간을 구별할 수 있었다.

한국학자이자 역사학자로 많은 연구를 해 온 저명한 한국학자이자 역사학자인 타타나 심비르체바Tatjana Simbirtseva 교수께도 감사한다. 소중한 학술적 도움을 주셨다.

개별 취재 작업에서 고마운 분들이 많이 떠오른다.

카트린 드렉셀Kathrin Drechsel 학예사는 다양한 자료 검색 작업에 도움을 주었다. 독문학자 아니카 하인리히Annika Heinrich 씨는 글뤽-요르단-마크 가문의 복잡한 계보를 정밀하게 추적하는 작업을 지원해 주었다. 독문학자 마리-크리스틴 파뇨Marie Christine Fagnot 씨는 프랑스어로 작성된 중요한 자료들을 독일어로 번역해 주었다. 미헬 크루커Michel Krucker 씨와 알자스 발 드 리에프브르 족보 및 문장 협회Association Généalogique et Héraldique du Val de Lièpvre, Alsace에서 마리 앙투아네트 손탁의 출생 증명서를 찾아주었다.

프랑스 칸 시립 기록보관소Archive municipales de Cannes 소장 마리 브뤼넬Marie Brunel 여사는 손탁-마크 가문에 관해 중요한 문서들을 제공해 주었다. 프랑스 칸의 그랑자 공원묘지Cimetière du Grand Jas, Cannes 관리자 크리스티안느 라비뉴Christiane Lavigne 여사는 손탁-마크 가족 묘역을 안내해 주었다.

베를린 외무부 문서보관소의 게르하르트 카이퍼Gerhard Keiper 박사는 외교사 관련 문서들을 제공해 주었다.

프랑크 슈바베Frank Schwabe 씨는 배버 자택이었던 빌라 코리아의 건축 관련 자료들을 제공해 주었고, 카를 폰 배버의 손녀와 연락을 주선해 주었다. 라데보일 시립 문서보관소Stadtarchiv Radebeul 소속 카르나츠Karnatz 여사와 에를러Erler 씨가 카를 폰 배버의 생애와 기록들을 찾는 작업에서 복잡한 행정 절차를 생략하고 도움을 주었다.

상트페테르부르크 러시아 학술원의 코마로프 식물연구소에 알리사 그라보프스카야 보로디나Alisa Grabovskaya Borodina 박사는 나의 요청을 적극 지원해 주었고 손탁 식물표본에 관한 학술 자료 문헌을 기꺼이 제공해 주었다.

미하일 라르Mihail Rahr 수석사제는 1898년에 작성된 러시아어 필사본 인증서를 해

독하고 번역하는 작업을 지원해 주었다.

도움을 주신 모든 분들께 다시 한 번 감사를 전한다.

각종 원본 자료 열람을 협력 지원해 준 기관들은 다음과 같다. 각 기관에도 감사 말씀 전한다.

- 러시아 국립 역사 기록보관소(Russisches Staatliches Historisches Archiv, St. Petersburg)
- 러시아 연방 외무부의 러시아 제국 외교 정책 기록보관소(Archiv der Außenpolitik des Russischen Imperiums beim Ministerium für Auswärtige Angelegenheiten der Russischen Förderation, Moskau)
- 라트비아 국립 문서보관소(Nationalarchiv Lettlands, Riga)
- 에스토니아 사레마 박물관(Saaremaa Museum Kuressaare(Arensburg), Estland)
- 처칠 기록보관소(Churchill Archives Centre, Cambridge)
- 드레스덴 과학기술 대학교 기록보관소(Archiv der Technischen Universität Dresden)
- 드레스덴 시립 기록보관소(Stadtarchiv Dresden)
- 켐니츠 시립 기록보관소(Stadtarchiv Chemnitz)
- 유럽·프랑스 외무부 기록보관소(Archiv des Ministeriums für Europa und Aüßeres der Republik Frankreich, Paris)

2021년 5월, 에어푸르트에서

실비아 브래젤

참고문헌

** 더 많은 독자와 소통하기 위해서 이 사진 자료집을 에세이 형식으로 집필했다. 배버의 유품에 남은 각종 자료와 각지 기록보관소 소장 자료를 분석하고 독일어, 영어, 러시아어, 프랑스어로 출간된 다수의 잡지, 여행기, 서한에 의거해서 집필했다. 다음에 제시하는 저서 및 논문들을 기초자료로 제시한다.

독일어 참고자료 영어 참고자료

Amburger Erik (1961), Geschichte des Protestantismus in Russland. Evangelisches Verlagswerk, Stuttgart.

Bräsel Sylvia (2014), Marie Antoinette Son(n)tag (1838-1922)-eine Pionierin der deutsch-koreanischen Beziehungen. Oder: das Wirken einer außergewöhnlichen Frau, die man die „ungekrönte Kaiserin von Korea" nannte. In: Koschyk, Hartmut (Hg.) Garten der Freundschaft-Vergangenheit, Gegenwart und Zukunft der deutsch-koreanischen Beziehungen, Olzog, München, S. 177-191.

Bräsel Sylvia (2014), Marie Antoinette Sontag (1838-1922): Uncrowned Empress of Korea. -In: Transactions (Hrsg.: Royal Asistic Society, Korean Branch), Vol. 89/2014, S. 83-98.

Bräsel Sylvia (2015), Zum Wirken der Protestanten Karl Gützlaff (1803-1851) und Carl von Waeber (1841-1910) für Korea. In: Theology ands Worldview (Hrsg.: Gützlaff-Gesellschaft Seoul/ Korea), Vol. 3/ July 2015, S. 9-28.

Bräsel, Sylvia (2018), Zu Unrecht vergessen: Carl von Waeber (1841-1910). Ein deutschstämmiger russischer Diplomat in Korea. -In: StuDeO H. 6/2018 S. 3-8.

Kneider Hans-Alexander (2009), Globetrotter, Abenteurer, Goldgräber. Auf den deutschen Spuren im alten Korea, München.

영어 참고자료

Harrington Fred Harvey (1944), God Mammon and the Japanese. Dr. Horace N. Allen and Korean-American Relations 1884-1905. The University of Wisconsin Press. Reprint Madison-Milwauke-London 1966.

Jaison Philip (1999), My Days in Korea and Other Essays. Yonsei University Press Seoul.

Kim Han-kyo (1967), Korea and the Politics of Imperialism 1876-1910. California Press, Berkeley and Los

Angeles.
Kim Hiyoul (2004), Koreanische Geschichte: Einführung in die Koreanische Geschichte von der Vorgeschichte bis zur Moderne, St. Augustin.
Lensen Georg Alexander (1982), Balance of Intrigue: International Rivalry in Korea & Manchuria, 1884-1899, University Presses of Florida.
Neff Robert (2012), Letters from Joseon. 19th Century Korea through the Eyes of an American Ambassador's Wife, Seoul Selection, Seoul.
Noh Tae Don (2004), Korean History: Discovery of Its Characteristics and Developments. Edited by the Korean National Commission for UNESCO. Anthology of Korean Studies, Vol.5, Elizabeth, NJ.
Sands, William Franklin (1930), Undiplomatic Memories, New York.
Simbirtseva Tatjana M. (2001), P G. von Moellendorff``s Pro-Russian Activities in Korea (1882-1885): Opinions of Russian Historiographers. - In: Transactions (Hrsg.: Royal Asistic Society, Korean Branch), Vol. 76/2001, S. 31- 44
Underwood, Lilias Horton (1904), Fifteen Years Among the Top-Knots or Life in Korea. Boston -New York - Chicago, Reprint Seoul 1977

러시아어 참고자료

Пак Бэлла Борисовна (2013), Российский дипломат К.И. Вебер и Корея / отв. ред. Ю.В. Ванин. - М.: Ин-т востоковедения РАН, Москва.
Пак, Борис Димитревич (2004), Россия и Корея. Москва.
Пак, Бэлла Борисовна (1997), 375 дней в Русской миссии. Восток, 1997, Но. 5.
Пак, Бэлла Борисовна (1997), Российская Дипломатия и Корея. Книга Первая 1860-1888. Иркутск, Москва, Ст. Петербург 1997.
Пак, Бэлла Борисовна (2004), Книга Вторая 1888-1897. Москва 2004.
Пак, Чон Хё, Россия и Корея 1895-1898. Москва 1993.
Российская Академия Наук, Институт Востоковедения -издатель- (2008), Корея Глазами Руссиян (1895-1945), Москва.
Тягай, Галина Давидовна (1960), Очерк истории Кореи во второй половине XIX века / Инт народов Азии АН СССР. — М.: Наука.

초대 러시아 공사 배버의 조선

초판 1쇄 발행 2022년 12월 31일

지은이 실비아 브래젤
옮긴이 김진혜

펴낸이 김선기
펴낸곳 (주)푸른길
출판등록 1996년 4월 12일 제16-1292호
주소 (08377) 서울시 구로구 디지털로 33길 48 대륭포스트타워 7차 1008호
전화 02-523-2907, 6942-9570~2
팩스 02-523-2951
이메일 purungilbook@naver.com
홈페이지 www.purungil.co.kr

ISBN 978-89-6291-987-5 03980